Phillip Thiebes

Hybridantriebe für mobile Arbeitsmaschinen

Grundlegende Erkenntnisse und Zusammenhänge, Vorstellung einer Methodik zur Unterstützung des Entwicklungsprozesses und deren Validierung am Beispiel einer Forstmaschine

Hybridantriebe für mobile Arbeitsmaschinen
Grundlegende Erkenntnisse und Zusammenhänge, Vorstellung einer Methodik zur Unterstützung des Entwicklungsprozesses und deren Validierung am Beispiel einer Forstmaschine

Karlsruher Schriftenreihe Fahrzeugsystemtechnik
Band 10

Herausgeber
FAST Institut für Fahrzeugsystemtechnik
    Prof. Dr. rer. nat. Frank Gauterin
    Prof. Dr.-Ing. Marcus Geimer
    Prof. Dr.-Ing. Peter Gratzfeld
    Prof. Dr.-Ing. Frank Henning

Das Institut für Fahrzeugsystemtechnik besteht aus den eigenständigen Lehrstühlen für Bahnsystemtechnik, Fahrzeugtechnik, Leichtbautechnologie und Mobile Arbeitsmaschinen

Eine Übersicht über alle bisher in dieser Schriftenreihe erschienenen Bände finden Sie am Ende des Buchs.

Hybridantriebe für mobile Arbeitsmaschinen

Grundlegende Erkenntnisse und Zusammenhänge,
Vorstellung einer Methodik zur Unterstützung
des Entwicklungsprozesses und deren Validierung
am Beispiel einer Forstmaschine

von
Phillip Thiebes

Dissertation, Karlsruher Institut für Technologie
Fakultät für Maschinenbau, 2011

Impressum

Karlsruher Institut für Technologie (KIT)
KIT Scientific Publishing
Straße am Forum 2
D-76131 Karlsruhe
www.ksp.kit.edu

KIT – Universität des Landes Baden-Württemberg und nationales
Forschungszentrum in der Helmholtz-Gemeinschaft

KIT Scientific Publishing 2012
Print on Demand

ISSN 1869-6058
ISBN 978-3-86644-808-7

Vorwort des Herausgebers

Hybridantriebe stehen heute im öffentlichen Interesse, da mit ihnen ein Effizienzsteigerungspotential und eine Reduktion des klimaschädlichen CO_2-Ausstoßes in Verbindung gebracht werden. Diese Technologie scheint bei mobilen Arbeitsmaschinen besonders vorteilhaft einsetzbar zu sein, da die Maschinen prinzipbedingt einen hohen Kraftstoffverbrauch besitzen. Eine Effizienzsteigerung hat daher einen direkt quantifizierbaren monetären Nutzen für den Anwender. Neben den Eigenschaften der Effizienzsteigerung und Betriebskostenreduktion können Hybridantriebe auch durch neue Freiheitsgrade die Benutzerfreundlichkeit der Fahrzeuge steigern. Sicherheitsaspekte müssen in die Auslegung einbezogen werden.

Die Karlsruher Schriftenreihe Fahrzeugsystemtechnik will einen Beitrag leisten, die genannten Eigenschaften von Fahrzeugen zu verbessern. Für die Fahrzeuggattungen Pkw, Nutzfahrzeuge, mobile Arbeitsmaschinen und Bahnfahrzeuge werden Forschungsarbeiten vorgestellt, die Fahrzeugtechnik auf vier Ebenen beleuchten: das Fahrzeug als komplexes mechatronisches System, die Fahrer-Fahrzeug-Interaktion, das Fahrzeug im Verkehr und Infrastruktur sowie das Fahrzeug in Gesellschaft und Umwelt.

Im Band 10 werden zunächst die Grundlagen zu Hybridantrieben in mobilen Arbeitsmaschinen erläutert und der Stand der Technik auf diesem Gebiet dargestellt. Anschließend wird eine Methodik vorgestellt, mit der der Entwicklungsprozess von hybridgetriebenen mobilen Arbeitsmaschinen systematisiert wird, und es werden Werkzeuge zur Unterstützung der Methodik vorgeschlagen. Insgesamt ergibt sich so ein Vorgehen zur Auslegung und Entwicklung hybridgetriebener Maschinen.

Im Weiteren wird das Vorgehen an einer Forstmaschine exemplarisch angewandt. Hierzu wurden spezifische Zyklen zur Bewertung im praktischen Einsatz aufgenommen. Im letzten Teil wird abschließend die Methodik und ihr Nutzen für den Anwender diskutiert; eine Zusammenfassung und ein Ausblick schließen die Arbeit ab.

Karlsruhe, im Dezember 2011 *Prof. Dr.-Ing. Marcus Geimer*

Hybridantriebe für mobile Arbeitsmaschinen

Grundlegende Erkenntnisse und Zusammenhänge, Vorstellung einer
Methodik zur Unterstützung des Entwicklungsprozesses und deren
Validierung am Entwicklungsbeispiel einer Forstmaschine

Zur Erlangung des akademischen Grades

Doktor der Ingenieurwissenschaften

der Fakultät für Maschinenbau

Karlsruher Institut für Technologie (KIT)

genehmigte

Dissertation

von

Dipl.-Ing. Phillip Thiebes

Tag der mündlichen Prüfung: 21.12.2011
Hauptreferent: Prof. Dr.-Ing. Marcus Geimer
Korreferent: Prof. Dr.-Ing. Peter Gratzfeld

Kurzfassung

Phillip Thiebes

Der Einsatz von Hybridantrieben in mobilen Arbeitsmaschinen erscheint unter den Gesichtspunkten Kraftstoffeinsparung, Abgasgesetzgebung und Funktionserweiterung sinnvoll. Dennoch findet diese Technologie nur langsam Einzug in diese Maschinen.

Die vorliegende Arbeit zeigt Grundlagen der hybriden Antriebe mit dem Fokus auf die mobilen Arbeitsmaschinen und stellt eine Methodik zur Unterstützung des Entwicklungsprozesses vor. Die Methodik unterstützt einerseits durch eine definierte Vorgehensweise andererseits durch konkrete Werkzeuge. Am Beispiel einer Forstmaschine werden quasi-statische Abschätzungswerkzeuge vorgeführt und deren Vorhersagekraft durch den Vergleich mit dynamischen Simulationen bestimmt. Es zeigt sich, dass die Abschätzung ein gutes Aufwand-Nutzen-Verhältnis hat, jedoch eine detaillierte Untersuchung nicht ersetzen kann.

Schlüsselworte: Hybridantriebe, mobile Arbeitsmaschine, Entwicklungsmethode, Vorgehensmodell, quasi-statische Abschätzung, dynamische Simulation

Abstract

Phillip Thiebes

Considering fuel economy, emission regulations and additional features hybrid drive trains for mobile machines appear reasonable. Nevertheless, this technology finds its way into these machines only hesitatingly. This thesis presents fundamentals of hybrid drive systems with focus on mobile machines. It introduces a methodology to assist the development process. The methodology consists of a defined procedure on the one hand. On the other hand it offers specific tools, supporting the procedure. Quasi-static estimation tools are presented and applied to a forestry machine. Their results are compared to those of dynamic simulations. The comparison delivers information about the practicality of these quasi-static tools. It shows that the estimation tools provide a good ratio of effort and benefit. However they do not supersede detailed dynamic simulations.

Keywords: Hybrid drive trains, mobile machines, methodology, process modell, quasi-static estimation, dynamic simulation

Danksagung

Die vorliegende Arbeit entstand während meiner Tätigkeit als akademischer Mitarbeiter am Lehrstuhl für Mobile Arbeitsmaschinen des Karlsruher Instituts für Technologie.

Mein Dank gilt im besonderen Herrn Prof. Geimer, der mir einerseits als Leiter des Lehrstuhls für Mobile Arbeitsmaschinen die Rahmenbedingungen gegeben hat, die die Promotion ermöglichten. Andererseits stand er mir mit seinem Rat zur Seite und hat durch die fachlichen Diskussionen und das Vertrauen, das er mir entgegen brachte, diese Arbeit mitgeprägt. Selbstverständlich bedanke ich mich bei ihm auch für die Übernahme des Hauptreferats. Weiterhin bedanke ich mich bei Prof. Gratzfeld für die Übernahme des Korreferats und bei Prof. Fidlin für die Übernahme des Prüfungsvorsitzes.

Darüber hinaus gilt mein Dank allen meinen Kollegen. Im Besonderen Maurice Bliesener, Lars Völker und Andreas Huber, mit denen ich die ersten Jahre des Lehrstuhls gemeinsam erleben und gestalten durfte. Sowie Timo Kautzmann, Philip Nagel, Peter Dengler und Tristan Reich, mit denen ich viele spannende Diskussionen rund um das Thema der Hybridantriebe geführt habe.

Nicht vergessen möchte ich auch meine studentischen Mitarbeiter. Namentlich genannt sei hier Thees Vollmer, der mir in herausragender Weise mit hoher Einsatzbereitschaft zur Seite stand. Aus der Gruppe der von mir betreuten Diplom-, Studien-, Master- und Bachelorarbeiter und -arbeiterinnen möchte ich Aline Radimersky hervorheben, da ihre sehr gute Arbeit mir wertvolle Denkanstöße geliefert hat.

Mein größter Dank gilt meiner lieben Ehefrau Anna, die stets an mich geglaubt und mir besonders in der letzten Zeit den Rücken frei gehalten hat, auch hat sie mir mit dem Korrekturlesen einen großen Dienst erwiesen. Meinen Eltern Sabine und Andreas danke ich besonders herzlich. Auch sie haben immer an mich geglaubt und mich in meinem Tun stets unterstützt.

Karlsruhe, im Dezember 2011   *Dipl.-Ing. Phillip Thiebes*

Inhaltsverzeichnis

Abkürzungsverzeichnis

CO	Kohlenstoffmonoxid
CO_2	Kohlenstoffdioxid
CVT	Continuously Variable Transmission (Stufenloses Getriebe)
DOD	Depth of Discharge (Tiefe der Entladung)
HC	Hydrocarbon (Kohlenwasserstoff)
MVM	Münchener Vorgehensmodell
NEFZ	Neuer Europäischer Fahrzyklus
SOC	State of Charge (Speicherladezustand/Füllstand)
VKM	Verbrennungskraftmaschine

Formelbuchstabenverzeichnis

Zeichen	Bedeutung	Einheit
a	Beschleunigung	m/s^2
C	Kapazität	F
e	Regeldifferenz	$-$
E	Energie	J
E_{kin}	Kinetische Energie	J
$E_{kin,rot}$	Kinetische Rotationsenergie	J
$E_{kin,trans}$	Kinetische Translationsenergie	J
E_{pot}	Potentielle Energie	J
E_{rek}	Rekuperationsenergie	J
E_{soll}	Sollenergie	J
f_{roll}	Rollreibungsbeiwert	$-$
F_G	Gewichtskraft	N
F_{reb}	Reibkraft	N
F_{rek}	Rekuperationsbremskraft	N
g	Erdbeschleunigung	$9,80665 m/s^2$
h	Höhe	m
I	Elektrischer Strom	A
J	Rotatorische Massenträgheit	$kg\,m^2$
m	Masse	kg
M	Drehmoment	Nm
M_{max}	Maximaldrehmoment	Nm
n	Polytropenexponent	$-$
n	Drehzahl	min^{-1}
n_{min}	Mindestdrehzahl	min^{-1}
n_{max}	Höchstdrehzahl	min^{-1}
p	Druck	bar

Fortsetzung nächste Seite

Formelbuchstabenverzeichnis – Fortsetzung

Zeichen	Bedeutung	Einheit
p_{soll}	Solldruck	bar
P	Leistung	kW
P_{gesamt}	Gesamtleistung	kW
P_{nenn}	Nennleistung	kW
$P_{primaer}$	Leistung Primärantrieb	kW
$P_{sekundaer}$	Leistung Sekundärantrieb	kW
r	Radius	m
s	Strecke	m
s_{end}	Streckenende	m
s_{ist}	Gefahrene Strecke	m
s_{soll}	Sollstrecke	m
t_{end}	Abschlusszeit	s
U	Elektrische Spannung	V
v	Geschwindigkeit	m/s
v_{end}	Endgeschwindigkeit	m/s
v_{ist}	Istgeschwindigkeit	m/s
v_{max}	Maximalgeschwindigkeit	m/s
v_{soll}	Sollgeschwindigkeit	m/s
v_0	Startgeschwindigkeit	m/s
V	Volumen	l
α_{gas}	Gaspedalstellung	$\%$
α_{hybrid}	Hybridisierungsgrad	–
ε_{rek}	Rekuperationspotential	–
η_{rek}	Rekuperationswirkungsgrad	–
κ	Isentropenexponent	–
φ	Phlegmatisierungsgrad	$\%$
ω	Winkelgeschwindigkeit	rad/s

1. Einleitung

Betrachtet man den globalen Bestand mobiler Arbeitsmaschinen, sind hybride Antriebe noch immer die seltene Ausnahme. Die Anzahl der Demonstratoren, Prototypen und auch Serienmaschinen hat jedoch in den vergangenen Jahren beträchtlich zugenommen [1, 2, 3]. Dabei gehen viele Konzepte bereits auf die Zeit nach der ersten Ölkrise in den 1970er Jahren zurück [36]. Was jedoch damals die Marktdurchdringung verhinderte, entfällt heute als Hinderungsgrund: Die notwendigen Komponenten waren nicht verfügbar und die Ölpreise fielen schon bald wieder. Heute kommt vor dem Hintergrund anhaltend hoher Kraftstoffpreise, Klimaschutzbestrebungen, signifikant verbesserter Komponenten und ins Rollen kommender Massenfertigung von Hybridantrieben bei Pkw und Lkw auch Bewegung in die Hybridisierung der mobilen Arbeitsmaschinen.

1.1. Motivation

Mobile Arbeitsmaschinen haben prinzipbedingt einen hohen Kraftstoffverbrauch. Über die Lebensdauer gerechnet, können die Kraftstoffkosten selbst die Anschaffungskosten, teilweise auch die Lohnkosten des Bedienpersonals, übersteigen. Hybridantriebe scheinen geeignet zu sein, den Kraftstoffverbrauch merklich zu verringern, was neben Kostenvorteilen auch den CO_2-Ausstoß senkt. Im Pkw-Bereich werden Hybridantriebe mittlerweile von vielen Herstellern serienmäßig angeboten. Dennoch wird weiterhin heftig über den Nutzen dieser Technologie für den individuellen Personenverkehr diskutiert und die tatsächlichen Verbrauchsvorteile können je nach Fahrprofil sehr unterschiedlich sein. Berücksichtigt man den erhöhten technischen Aufwand und die damit einhergehenden Kosten, die ein Hybridantriebsstrang bedeutet, so stellt man fest, dass der hybridgetriebene Pkw nur unter günstigen Rahmenbedingungen wirtschaftlich ist. Mobile Arbeitsmaschinen mit ihren deutlich höheren Kraftstoffkosten bieten ein besseres Verhältnis zu den notwendigen Investitionskosten einer Hybridisierung. Prozentual gleiche Kraftstoffeinsparungen bei mobiler Arbeitsmaschine und Pkw führen zu absoluten Einsparungen, die etwa eine Größenordnung auseinander liegen, wie an einem Beispiel in Tab. 1.1 verdeutlicht wird. Wie hoch die Kraftstoffeinsparungen durch eine Hybridisie-

Tab. 1.1.: Einsparpotential bei Pkw und Radlader

	Pkw	Radlader
Lebensdauer	$200.000km$	$10.000h$
Kraftstoffverbrauch (relativ)	$10€/100km$	$20€/h$
Kraftstoffverbrauch (absolut)	$20.000€$	$200.000€$
Kostenersparnis bei 10% Kraftstoffeinsparung	$2.000€$	$20.000€$

rung tatsächlich sind, ist von Fall zu Fall unterschiedlich. Eine exemplarische Übersicht erwarteter Einsparungen gibt [6]. Die dort genannten Einsparungen bis zu 25% sind in Tabelle 1.2 dargestellt. Die Hybridisierung mobiler Arbeitsmaschinen erscheint bereits

Tab. 1.2.: Einsparpotential bei ausgewählten mobilen Arbeitsmaschinen nach [6]

	Gummi-radwalze	Radlader Straße	Radlader Gelände	Wechsel-brücken-umsetzer	Gabel-stapler
	$24t$	$200kW$	$200kW$	$120kW$	$2,5t$
Verbrauch $[l/h]$	9	20	25	10	5
Ersparnis $[\%]$	10	15	3	15	25
Betriebsstunden/Jahr	800	1000	1000	3500	1000
Ersparnis $[l/Jahr]$	720	3000	750	5250	1250

bei der ausschließlichen Betrachtung der Kraftstoffeinsparung lohnenswert. In Kap. 2.3 werden darüber hinaus weitere mögliche Vorteile dieser Antriebsstränge beschrieben. In der vorliegenden Arbeit wird eine Methodik für den Entwicklungsprozess hybrider Antriebe für mobile Arbeitsmaschinen vorgestellt. Folgende Fragen verdeutlichen, warum eine spezielle Methodik für diesen Entwicklungsprozess sinnvoll erscheint. *Kann die Entwicklung eines hybriden Antriebsstranges als Problem gesehen werden?*

Nach [68] handelt es sich dann um ein (echtes) dialektisches Problem, wenn das Ziel unscharf formuliert bzw. nur vage bekannt ist und weiterhin die Eigenschaften „Komplexität" und „Unbestimmtheit" vorliegen. Diese Kriterien sind erfüllt. Es kann also tatsächlich von einem Problem gesprochen werden.

Das Auslegen von Antriebssträngen ist eine Kernaufgabe bei der Entwicklung mobiler Arbeitsmaschinen und wird von den Herstellern dieser Maschinen entsprechend gut beherrscht.

Ist es notwendig, hierfür eine neue Methodik zu entwickeln?

Die Antwort steckt in dem Wort *hybrid* (=von mehrerlei Quellen, Kap. 2.1). Da hybride Antriebsstränge aus mehreren Quellen gespeist werden, haben diese Antriebsstränge auch mehr Freiheitsgrade als konventionelle Antriebsstränge. Diese zusätzlichen Freiheitsgrade spannen gleichsam weitere Dimensionen im Lösungsraum auf. Man kann bei den hybriden Antriebssträngen also von mehrdimensionalen, bei den konventionellen von eindimensionalen Antriebssträngen sprechen. Bekannte und bewährte Vorgehensmodelle zur Lösungsfindung im eindimensionalen Raum lassen sich, um in diesem Bild zu bleiben, zwar teilweise auch im mehrdimensionalen Raum anwenden. Sie können jedoch der Komplexität nicht gerecht werden und liefern höchstens triviale Lösungen.

Die klassischen Entwicklungsmethoden oder Herangehensweisen der Antriebsstrangentwicklung werden den komplexen hybriden Antrieben also nicht gerecht.

Lassen sich allgemeiner formulierte Vorgehensmodelle aus der Produktentwicklung auf die Entwicklung hybrider Antriebsstränge anwenden?

Grundsätzlich kann diese Frage mit ja beantwortet werden. Ein generelles Vorgehensmodell würde bei der Anwendung auf das vorliegende Problem „übersetzt" werden und durch die Auswahl von Werkzeugen und Hilfsmitteln in eine Methodik überführt werden. Somit könnte diese die Entwicklung hybrider Antriebe unterstützen. Eine spezialisierte Methodik, die auf die Eigenheiten der Hybridantriebs-Entwicklung eingeht, macht hingegen die „Übersetzung" eines Vorgehensmodells und die Auswahl von Werkzeugen überflüssig. Die Schritte des Vorgehens sind bereits gewählt und die Werkzeuge zusammengetragen. In Kap. 2.6 wird dieser Aspekt genauer betrachtet.

1.2. Generelles Vorgehen

Die vorliegende Arbeit bewegt sich in einem anwendungsorientierten Feld. Neben dem Erkenntnisgewinn besteht auch die Praxisrelevanz als Ziel. Damit unterscheidet sich das Vorgehen dieser Arbeit mitunter wesentlich von dem Vorgehen ausschließlich grundlagenorientierter Arbeiten. Neben der selbstverständlichen Literaturrecherche war die Recherche zu vorhandenem Wissen in der Industrie, das meist undokumentiert und nur über persönliche Gespräche erreichbar ist, ebenso wichtig. Der Autor hat an verschiedenen Entwicklungsprojekten und -treffen teilgenommen und konnte in Gesprächen mit Entwicklern aus der Industrie sein Wissen vertiefen. Neben den zitierbaren „harten" Literaturquellen, fußt diese Arbeit auch auf nichtzitierbaren „weichen" Quellen. Anstelle eines Zitates findet sich an den entsprechenden Stellen eine logische Herleitung bzw. ein Hinweis auf den Ursprung der entsprechenden Behauptung.

2. Grundlagen

Neben Begriffsdefinitionen und dem Stand der Technik und der Forschung wird in diesem Kapitel dargestellt, welche Ziele hybride Antriebe erfüllen können, und welche Funktionen zur Zielerfüllung zur Verfügung stehen. Weiterhin wird auf die Speicher eingegangen, da es sich dabei um Schlüsselkomponenten hybrider Antriebe handelt. Ebenso spielen die Betriebsstrategien eine Schlüsselrolle, weshalb sie hier betrachtet werden. Abschließend werden relevante Grundlagen der Vorgehensmodelle und Methodiken dargestellt.

2.1. Definitionen

Einige für diese Arbeit wesentliche Begriffe sind in der Fachwelt nicht eindeutig definiert. Im Folgenden werden diese Begriffe genannt, erläutert und definiert.

Mobile Arbeitsmaschinen Was ist eine mobile Arbeitsmaschine? Diese Frage lässt sich verhältnismäßig einfach durch Nennung von Beispielen beantworten. Mobile Arbeitsmaschinen sind z. B. Bagger, Mähdrescher und Straßenkehrfahrzeuge. Auch die Umkehrung verdeutlicht den Begriff: Pkw, Bohrmaschinen und Lokomotiven sind keine mobilen Arbeitsmaschinen. Jedoch bleibt die Definition durch Aufzählung stets unvollständig und damit unbefriedigend. MARTINUS entwickelt in [46] eine Definition über drei Kriterien:

- *„Die Erledigung eines Arbeitsprozesses steht im Vordergrund ihrer Funktionalität."*

- *„Die eigenständige Fortbewegung ist direkte Voraussetzung ihrer Hauptfunktion(en), entweder als Teilprozess [. . .] oder als Nebenfunktion".*

- *„Die Mobilität der Maschine darf nicht an festgelegte Bahnen, wie z. B. Schienensysteme, Induktionsschleifen, etc., gebunden sein, d.h. das Arbeitsumfeld der*

> *Maschine ist dynamisch veränderbar und frei wählbar. Es unterliegt in der Regel wechselnden Umwelteinflüssen. "*

Diese Definition soll in der vorliegenden Arbeit gelten. Beim frei wählbaren Arbeitsumfeld wird in der genannten Definition explizit die Bindung an ein Schienensystem oder Induktionsschleifen ausgeschlossen. Es soll an dieser Stelle verdeutlicht werden, dass eine nicht ausschließliche Bindung, wie sie z. B. bei Zwei-Wege-Baggern vorliegt, von der Definition unbetroffen bleibt. Zwei-Wege-Bagger und ähnliche Maschinen können sich zwar auf Gleisen bewegen, jedoch auch jenseits davon, sie zählen zur Gruppe der mobilen Arbeitsmaschinen.

Hybridantrieb Laut Duden bedeutet hybrid: *„aus verschiedenartigem zusammengesetzt, von zweierlei Herkunft; gemischt; zwitterhaft"* [19]. Es stammt ab von dem lateinischen Fremdwort griechischen Ursprunges Hybrida.[1] Die Wirtschaftskommission für Europa der UNO (UNECE) definiert: *„Hybrid power train means a power train with at least two different energy converters and two different energy storage systems (on-board the vehicle) for the purpose of vehicle propulsion"* und zusätzlich *„Hybrid vehicle (HV) means a vehicle powered by a hybrid power train"* [89].
Umgangssprachlich wird der Begriff Hybridantrieb meist auf einen Fahrantrieb angewandt, der zusätzlich zum Verbrennungsmotor noch einen oder mehrere Elektromotoren und eine Batterie besitzt. Diese Konfiguration stellt jedoch nur eine der vielen möglichen Hybrid-Lösungen dar. So muss ein Hybridantrieb zwar aus mindestens zwei verschiedenen Quellen gespeist und damit in der Regel aus zwei Antrieben kombiniert sein, bei diesen kann es sich jedoch neben dem Verbrennungsmotor und dem Elektromotor auch um Hydromotoren, Turbinen, Stirlingmotoren oder andere handeln. Auch der Energiespeicher ist nicht zwingend eine elektrische Batterie, genauso können Doppelschichtkondensatoren, Schwungräder, Hydrospeicher oder andere eingesetzt werden. Ebenso ist die Einbindung einer Brennstoffzelle möglich. Der Begriff Hybridantrieb deckt also ein ganzes Spektrum an Konzepten mit unterschiedlichsten Antrieben (Energiewandlern) und Speichern ab. Durch das Zusammenwirken mehrerer Antriebe in einem Antriebsstrang ergeben sich stark veränderte Anforderungen an das Getriebe. Es muss die verschiedenen Antriebe und die Abtriebe verbinden, wobei Leistungsflüsse in unterschiedlicher

---

[1]Nicht zu verwechseln mit *hybrid* als Adjektivierung von *Hybris*.

Richtung auftreten können. Gegenüber den veränderten und erhöhten Anforderungen an die Getriebe stehen neue Funktionalitäten. Durch den Einsatz von zum Beispiel Elektro- oder Hydromotoren lassen sich bei entsprechender Antriebsstrangkonfiguration elektrische bzw. hydraulische CVT-Funktionalitäten[2] realisieren.

Ein Hybridantrieb, wie er in der vorliegenden Arbeit verstanden werden soll, charakterisiert sich durch die folgenden zwei Merkmale:

- Kombination mehrerer verschiedener Antriebe und zugehöriger Quellen,

- Rückgewinnung und Speicherung von Bewegungs- und/oder Lageenergie.

Rekuperation/Regeneration Rekuperation geht auf den lateinischen Begriff recuperare zurück, dessen Bedeutung mit wiedererlangen, wiedergewinnen, wiedergutmachen übersetzt wird. In Bezug auf Hybridantriebe bezeichnet Rekuperation die Rückgewinnung kinetischer oder potentieller Energie und deren Speicherung in einer technisch einfach nutzbaren Form. Häufig wird auch der Begriff Bremsenergierückgewinnung synonym zur Rekuperation verwendet. Davon abgegrenzt wird der Begriff Regeneration, der die direkte Nutzung von Bremsenergie, ohne Zwischenspeicherung, bezeichnet [84].

Rekuperationspotential Das Rekuperationspotential gibt Auskunft über den Anteil der Bewegungs- oder Lageenergie, der theoretisch zurückgewonnen werden kann und wird mit ε_{rek} bezeichnet. Von der vorhandenen kinetischen bzw. potentiellen Energie wird beim Abbremsen bzw. Absenken ein gewisser Anteil durch verschiedene Wirkungsgradeinflüsse der Rekuperation entzogen. Dies sind Rollreibungsverluste, also Verluste im Rad-Boden-Kontakt, Reibungsverluste im Antriebsstrang sowie Wandlungsverluste beim Übertragen der mechanischen Energie in eine speicherbare Form. Analog sind die Verluste in der Arbeitsausrüstung zu betrachten, die beim rekuperativen Absenken einer Last auftreten. Die verbleibende Energie wird als E_{rek} bezeichnet und ins Verhältnis zur kinetischen bzw. potentiellen Energie gesetzt, womit sich das Rekuperationspotential für den kinetischen und auch den potentiellen Fall beschreiben lässt:

$$\varepsilon_{rek,kin} = \frac{E_{rek}}{E_{kin}} \qquad [2.1]$$

---

[2]CVT steht für Continuously Variable Transmission, also eine stufenlose Übersetzung, die bei hydrostatischen und elektrischen Getrieben auch unendlich bzw. null werden kann.

bzw.:

$$\varepsilon_{rek,pot} = \frac{E_{rek}}{E_{pot}} \qquad [2.2]$$

Für die Rekuperation sowohl kinetischer als auch potentieller Energie stellt sich die Formel wie folgt dar:

$$\varepsilon_{rek} = \frac{E_{rek}}{E_{kin} + E_{pot}} \qquad [2.3]$$

Für den Fall mehrerer aufeinanderfolgender Abbrems- und Beschleunigungsvorgänge müssen die Energien abschnittsweise ermittelt und addiert, sowie abschließend der Quotient der beiden Summen gebildet werden.

Durch die begrenzte Aufnahmefähigkeit der Speicher und durch die Einflüsse der Betriebsstrategien ist davon auszugehen, dass die im Praxiseinsatz rekuperierte Energie geringer ist als E_{rek}, das Rekuperationspotential ε_{rek} wird nicht voll ausgeschöpft.

Potentielle Energie Potentielle Energie kann in verschiedenen Formen auftreten. Im Zusammenhang mit der Rekuperation soll unter dem Begriff jedoch stets die Lageenergie eines Körpers im Erdschwerefeld entsprechend der Gleichung [2.4] gemeint sein.

$$E_{pot} = mgh \qquad [2.4]$$

Hybridisierungsgrad Der Hybridisierungsgrad gibt das Leistungsverhältnis von sekundärem Antrieb zu primärem Antrieb an. Hierbei gilt allgemein:

$$P_{gesamt} = P_{primaer} + P_{sekundaer} \qquad [2.5]$$

Der primäre Antrieb ist in der Regel nicht rekuperationsfähig (z. B. Verbrennungsmotor). Als sekundärer Antrieb wird der rekuperationsfähige Antrieb bezeichnet (z. B. Hydromotor oder Elektromotor). Mit P ist die jeweilige Leistung gemeint, die unter den zu erwartenden Umgebungsbedingungen zur Verfügung steht. Für einen Verbrennungsmotor ist dies die Spitzenleistung. Für Hydromotoren ist dies die Eckleistung, insofern diese im hydraulischen System (Hydromotor, Speicher, Ventile etc.) tatsächlich verfügbar ist. Elektromotoren sind unter Ausnutzung der thermischen Reserven kurzzeitig überlastfähig. Bei der Verwendung von Elektromotoren in Hybridantrieben wird diese Eigenschaft ausgenutzt, da sich dadurch die Baugröße der Motoren reduzieren lässt. Bei der Angabe des Hybridisierungsgrades eines elektrischen Hybridantriebs ist daher anzugeben, auf welche Leistung des Elektromotors (Dauerleistung/Spitzenleistung) sich dieser bezieht, und wie lange diese Leistung zur Verfügung steht.

Der Grad der Hybridisierung α_{hybrid} wird entsprechend Gleichung [2.6] definiert:

$$\frac{P_{sekundaer}}{P_{primaer}} = \alpha_{hybrid}. \tag{2.6}$$

Aus den Gleichungen [2.5] und [2.6] lassen sich die Einzelleistungen darstellen:

$$P_{sekundaer} = P_{gesamt} \frac{\alpha_{hybrid}}{1 + \alpha_{hybrid}} \tag{2.7}$$

$$P_{primaer} = P_{gesamt} \frac{1}{1 + \alpha_{hybrid}}. \tag{2.8}$$

Der Hybridisierungsgrad hängt in einigen Fällen eng mit der Antriebsstrangarchitektur zusammen. So sollte er bei einem seriellen Hybridantrieb stets größer oder gleich eins sein, bei einer Rangeextender-Architektur immer größer als eins. Bei parallelen Architekturen kann er – muss aber nicht – kleiner als eins sein. Die Leistung des sekundären Speichers muss auf die Leistung des sekundären Antriebs abgestimmt werden. Insofern hängt auch die Leistung des Speichers mit dem Hybridisierungsgrad zusammen.

Phlegmatisierung   Phlegmatisieren wird allgemein als Beruhigen des Verbrennungsmotors bezeichnet, seltener als Beruhigung eines anderen Aggregates. Phlegmatisierung kann auf Leistung, Drehmoment und/oder Drehzahl bezogen sein, im Folgenden wird daher allgemein von einer Belastung bzw. Belastungszeitfunktion gesprochen.

Zur Präzisierung der Phlegmatisierung wird hier der Phlegmatisierungsgrad (φ) eingeführt. Der Phlegmatisierungsgrad gibt an, wie stark die Dynamik einer Belastungszeitfunktion reduziert ist. Er bezieht sich immer auf eine Vergleichsgröße (aus einem nicht phlegmatisierten Fall) und kann als Extremum 100% erreichen, was eine Belastungszeitfunktion ohne zeitliche Veränderung – also eine Konstante – darstellt.

Da das Ziel der Phlegmatisierung eine Verringerung der Dynamik ist, reicht eine energetische Betrachtung allein nicht aus. Die Definition, wie sie GÖHRING in [25] angibt, bilanziert nur die von primärem und sekundärem Antrieb abgegebenen/aufgenommenen Leistungen und ist somit nicht zufriedenstellend. Stattdessen soll hier das Frequenzspektrum der Belastungszeitfunktion als Grundlage einer Definition vorgeschlagen werden. Dazu wird das Frequenzspektrum einer Ausgangsbelastungszeitfunktion mit dem des phlegmatisierten Signals verglichen.

Betriebsstrategie wird von BLIESENER in [10] definiert als *„Methode zur Erreichung einer einstellbaren, jederzeit veränderbaren Zielvorgabe"*.

Diese Definition soll im vorliegenden Text gelten. Allerdings soll eine Konkretisierung gegeben werden: Betriebsstrategie bezeichnet die Methode, welche unter Berücksichtigung vorgegebener Ziele, der Benutzervorgaben und der bekannten Randbedingungen Steuer- und Regelbefehle zur Einstellung eines gewollten Zustandes der Maschine und ihrer Aggregate erzeugt. Die Implementierung kann als Code auf einem elektronischen Steuergerät oder in der Ausprägung einer mechanisch-hydraulischen Steuerung sowie als Mischung von beidem vorliegen. Teilweise werden die Ausgangssignale der Betriebsstrategie zur Weiterverarbeitung an untergeordnete Steuergeräte o. ä. weitergegeben (z. B. Motorsteuergerät oder Pumpenregler).

2.2. Stand der Technik und der Forschung

2.2.1. Ziele hybrider Antriebe

Hybridantriebe haben das Potential, verschiedene Ziele zu erfüllen. Neben dem augenscheinlich meistgenannten Ziel – der Reduktion des Kraftstoffverbrauchs – stehen eine Vielzahl weiterer, die in Kap. 3.2 dargestellt werden. Es soll an dieser Stelle darauf hingewiesen werden, dass hinter dem geäußerten Wunsch der Kraftstoffverbrauchsreduktion eigentlich die Erwartung einer Produktivitätssteigerung steht. Der Kraftstoffverbrauch ist daher stets in Beziehung zur Produktivität zu sehen. Ein Kraftstoffmehrverbrauch ist demnach durchaus akzeptabel, solange sich die Produktivität überproportional dazu steigert.

Weiterhin sei an dieser Stelle auf den Unterschied zwischen Zielen und Funktionen (siehe Kap. 2.3) hingewiesen: Ziele erfüllen die Wünsche des Anwenders bzw. des Käufers der Maschine. Funktionen stellen den Weg dar, die Ziele zu erreichen. Zwischen einzelnen Funktionen und Zielen gibt es Wechselwirkungen unterschiedlich starker Ausprägung. Die Stärke dieser Wechselwirkungen ist in Tabelle 3.4 dargestellt.

2.2.2. Serienmaschinen und bekannte Demonstratoren

Der Hybridantrieb ist bei den mobilen Arbeitsmaschinen immer noch in einer minimalen Anzahl der verkauften Maschinen vorhanden. Und das, obwohl mitunter große Potentiale für diese Gattung von Antriebssträngen vorhanden sind [85].

In den folgenden Abschnitten wird auf den Stand der Technik und der Forschung bei Hybridantrieben in mobilen Arbeitsmaschinen eingegangen. Eine repräsentative Übersicht über die zeitliche Entwicklung des Angebots hybrid getriebener mobiler Arbeitsmaschinen ist in Abb. 2.1 gegeben. Der Abbildung ist zu entnehmen, dass es derzeit deutlich mehr elektrische als hydraulische Hybridsysteme gibt. Dennoch werden beide Systeme weiterverfolgt. Auf den folgenden Seiten werden ausgewählte hybride mobile Arbeitsmaschinen vorgestellt – Serienmaschinen, Demonstratoren, Prototypen und Forschungsmaschinen. Nicht aufgeführt sind Maschinen, die lediglich über einen diesel-elektrischen Antrieb verfügen. Diese werden von den Herstellern mitunter als „Hybridmaschinen" vermarktet, sind es per Definition mangels sekundärem Speicher jedoch nicht. Der Stand der Technik und der Forschung bei den Energiespeichern wird ebenfalls behandelt, da den Speichern als Schlüsselkomponente eine besondere Bedeutung zukommt (Kapitel 2.4).

Zur besseren Übersicht gliedert sich die Auflistung der Maschinen in die Kategorien Landtechnik, Baumaschinen, Kommunalfahrzeuge, Maschinen für den Materialumschlag und Forstmaschinen.

Landtechnik In der Landtechnik sind bisher wenige Aktivitäten zur Hybridisierung bekannt. Lediglich ein Hybridtraktor wurde vorgestellt. Darüber hinaus werden weitere Aktivitäten mit dem Schlagwort „hybrid" versehen, dabei handelt es sich jedoch um diesel-elektrische Antriebe.

- Auf der Agritechnica 2005 stellte Case den Hybrid-Traktor ProHybrid EECVT vor. Dieser basiert auf einem Case MXM. Der $120kW$ Dieselmotor wird um zwei elektrische Maschinen à $50kW$ ergänzt. Die Technologie basiert auf dem CVT von Steyr. Zusätzlich ist eine $456V$-Batterie mit $11,5kWh$ installiert, die als Frontballast agiert. Bislang ist jedoch eine Umsetzung in ein marktreifes Produkt nicht erfolgt [48].

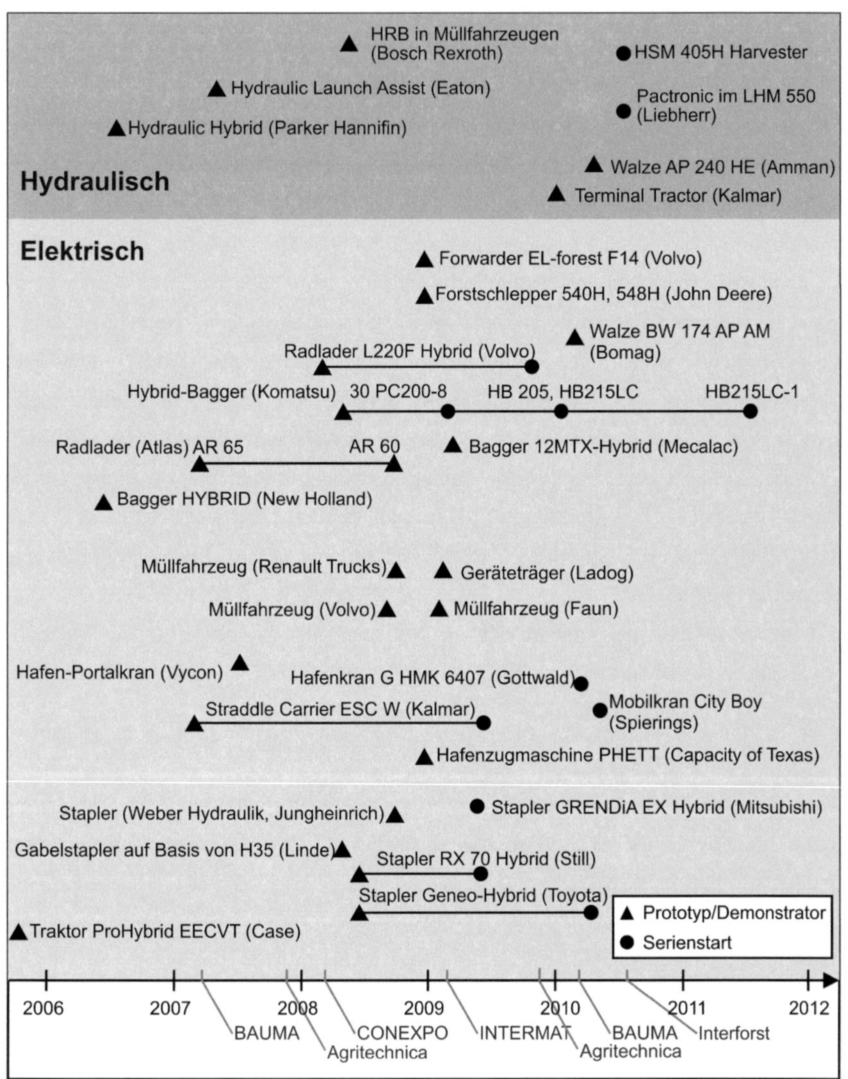

Abb. 2.1.: Zeitschiene hybridgetriebener mobiler Arbeitsmaschinen

Baumaschinen Bei den Baumaschinen werden hohe Potentiale vor allem in Baggern, Radladern und Straßenwalzen gesehen. In den beiden ersten interessiert vor allem das Rekuperationspotential – aus der Rotationsbewegung des Oberwagens beim Bagger einerseits und aus dem Reversierbetrieb des Fahrantriebes beim Radlader andererseits. Bei den Walzen erscheint vor allem das Rightsizingpotential vielversprechend, da die maximale Leistung nur kurzfristig – zum Beschleunigen des Vibrationsantriebes und zum Beschleunigen des Fahrantriebes – benötigt wird. Folgende hybridisierte Baumaschinen sind bekannt:

- Ein $7t$-Raupenbagger mit diesel-elektrischem Hybrid wurde von New Holland in Allianz mit Kobelco aufgebaut. Dabei wurde ein elektrischer Motor-Generator in das Schwungradgehäuse eingebaut und als Parallelhybrid verschaltet. Zusätzlich ist der Drehwerksantrieb elektrisch ausgeführt, sodass hier gleichzeitig von einem seriellen Hybrid gesprochen werden kann. Dem Verbrennungsmotor mit $26,5kW$ steht der Motor-Generator mit $20kW$ und eine Li-Ion-Batterie mit $288V$ gegenüber [31].

- Auf der Intermat 2009 in Paris präsentiert Mecalac-Ahlmann den 12MTX Hybrid, einen $9t$-knickgelenkten Bagger. Die Maschine ist mit einem $51kW$-Dieselmotor ausgestattet, liefert aber durch die Hybridisierung bis zu $74kW$. Diese Maschine hat einen diesel-elektrischen Hybridantrieb in paralleler Bauweise mit Kurbelwellengenerator. Es werden Kraftstoffeinsparungen von 25% versprochen [82].

- Komatsu kündigte für März 2009 die erste Serienauslieferung eines Hybridbaggers an, den Komatsu 30 PC200-8 Hybrid [55]. Die Maschine ist ausgestattet mit einem elektrischen Drehwerksantrieb und Doppelschichtkondensatoren zur Rekuperation. Es handelt sich um eine serielle Bauweise [49]. Weitere Hybridbagger stellte Komatsu zum Jahreswechsel 2010/2011 in Japan vor: HB205 und HB215LC. Sowie im Juli 2011 den $21t$-Kettenbagger HB215LC-1. Deren Antriebstechnik entspricht im Wesentlichen der des PC200-8 Hybrid.

- Atlas-Weyhausen präsentierte auf der bauma 2007 in München einen diesel-elektrischen Radlader – den AR 65 Hybrid [13, 24]. Das Parallelhybridsystem verfügte in der dort gezeigten ersten Version über einen Li-Ion-Batterie-Speicher. In einer späteren Version wurde stattdessen eine bipolare Bleibatterie verbaut. Durch

Rightsizing des Verbrennungsmotors konnte der Radlader der $5t$-Klasse in eine niedrigere Leistungsklasse zur Bestimmung der Emissionsgrenzwerte verschoben werden. Mittlerweile wurde die Technologie auch auf einen AR 60 Hybrid übertragen, der 2009 auf der Intermat in Paris vorgestellt wurde [56].

- Auf der ConExpo 2008 stellte Volvo den L220F Hybrid vor. Einen Radlader mit diesel-elektrischem Hybridantrieb [50, 38].

- Bomag stellte auf der bauma 2010 eine Walze mit Hybridantrieb vor. Es handelt sich um einen elektrischen Parallelhybrid, der nur zur Abdeckung von Leistungsspitzen dient. Energierückspeisung ist nicht möglich. Durch das Abdecken der Leistungsspitzen konnte ein Rightsizing vorgenommen werden und eine Einstufung in eine kleinere Leistungsklasse zur Bestimmung der Emissionsgrenzwerte. Als Speicher kommen konventionelle Bleibatterien zum Einsatz. Um Platz für die Batterien und die Elektronik zu schaffen, wurde auf einen von zwei $500l$-Wassertanks der Serienmaschine verzichtet. Es werden Kraftstoffeinsparungen von über 30% gegenüber der Serienmaschine erreicht, sowie Einsparungen von 18% gegenüber einer Walze mit fahrsituationsabhängiger Anpassung der VKM-Drehzahl [14].

- Auf der bauma 2010 in München stellte Bosch Rexroth ein Hydraulic Fly Wheel genanntes System vor, das in der Gummiradwalze AP 240 HE von Amman eingesetzt wurde [4]. Dort dient es zur Reduktion von Leistungsspitzen.

Kommunalfahrzeuge Im Bereich der Kommunalfahrzeuge hat sich das Müllsammelfahrzeug als häufige Applikation hybrider Antriebe herausgestellt. Der durch ständiges Anfahren und Abbremsen geprägte Fahrzyklus dieser Maschinen ist prädestiniert für die Rekuperation von Bremsenergie. Auch Geräteträger im kommunalen Einsatz haben – je nach Tätigkeit – ein hohes Potential an rekuperierbarer Energie. Beispiele solcher Maschinen sind:

- Auf der IAA-Nutzfahrzeuge 2008 in Hannover stellt Volvo ein Müllsammelfahrzeug mit diesel-elektrisch-parallelem Hybridantrieb vor. Es wird von 30% Kraftstoffeinsparung berichtet. Die zweite Generation dieses Fahrzeugs ist seit 2009 in London im Einsatz. Eine Serieneinführung ist frühestens 2012 geplant [79].

- Renault Trucks entwickelt ebenfalls ein diesel-elektrisches Hybrid-Müllfahrzeug. Seit Oktober 2008 sind Fahrzeuge in Lyon im Einsatz [15].

- Ein weiteres hybrid getriebenes Müllsammelfahrzeug stellt FAUN Umwelttechnik her. Es handelt sich um ein diesel-elektrisch-serielles System mit Doppelschichtkondensatoren als sekundärem Speicher. Der serielle Hybridantrieb wird zusätzlich zum konventionellen Antrieb eingebaut. In Feldversuchen wurden 30% Kraftstoffeinsparung erreicht [77].

- Bosch Rexroth hat ein hydrostatisches regeneratives Bremssystem entwickelt, das als paralleler Hybridantrieb unter anderem in Müllfahrzeugen der Firma Haller im Einsatz ist [34]. In Versuchen wurden Einsparungen von $15 - 30\%$ ermittelt [21, 63].

- Ladog und Heinzmann haben gemeinsam den Antriebsstrang eines kleinen Geräteträgers hybridisiert. Aufgebaut wurde ein diesel-elektrischer Parallelhybrid [9].

Materialumschlag Im Materialumschlag treten häufig kurze Wege und viele Reversiervorgänge auf. Diese Bewegungsabläufe – noch dazu auf glattem, festem Untergrund – ermöglichen Kraftstoffeinsparung durch Rekuperation. Die ohnehin vorhandene elektrische Antriebs- und Batterietechnik in vielen Geräten des Materialumschlags, kombiniert mit den teilweise großen Stückzahlen der Maschinen (besonders Gabelstapler), legen den Einsatz hybrider Antriebe nahe. Aber auch geringe Losgrößen werden in diesem Segment hybridisiert: Besonders Maschinen, die in Häfen eingesetzt werden, werden vermehrt mit minimierten Emissionen nachgefragt. Das Heben und Senken und die damit verbundenen Möglichkeiten der Rekuperation spielen jedoch nur selten eine Rolle bei den bekannten Maschinen. Eine Ausnahme stellt der unten beschriebene AT-Mobilkran dar, der bei Fahr- und Arbeitseinsätzen rein elektrisch betrieben werden kann.

- Vycon Energy hat ein elektrisches Schwungradspeichersystem marktreif entwickelt und setzt es in gummibereiften Hafenportalkranen ein. Dabei konnte eine Kraftstoffersparnis von 15% erzielt werden, in Kombination mit einem durch Rightsizing verkleinerten Dieselmotor sogar bis zu 38% [51, 74].

- Der Straddle Carrier ESC W von Kalmar wurde in 2007 als Prototyp vorgestellt und seit 2009 als Serienmaschine angeboten. Eine Maschine ist im Hafen von Antwerpen im Einsatz, zwei weitere in englischen Häfen. Es handelt sich um einen diesel-elektrisch-seriellen Hybrid mit Doppelschichtkondensatoren als Speicher. Die Kraftstoffeinsparung ist einerseits auf die Rekuperation von Bremsenergie zurückzuführen. Weitere Quellen der Einsparung sind die Umstellung der Motorlüfter auf Bedarfsregelung, sowie die Regelung des Verbrennungsmotors mit variabler Drehzahl anstelle der bisher üblichen Konstantdrehzahl [32].

- Gottwald Port Technology zeigt in einem Pilotprojekt den Hafenmobilkran G HMK 6407 als diesel-elektrisch-seriellen Hybrid mit Doppelschichtkondensatoren als Speicher [57].

- Im Mai 2010 stellte Liebherr das Pactronic genannte Hybridsystem vor. Dieses hydrostatische System wird in Hafenmobilkranen eingesetzt. Beim Absenken einer Last wird Energie zurückgewonnen, die dann im Bedarfsfall (Last heben) wieder zur Verfügung steht [69].

- Auf der CeMAT 2008 stellte Still den serienfähigen RX 70 Hybrid vor. Dieses Fahrzeug basiert auf dem Dieselstapler RX 70. Die Hybridversion ist als diesel-elektrisch-serieller Hybrid ausgeführt. Wobei Doppelschichtkondensatoren als elektrische Speicher zum Einsatz kommen. Es werden Einsparungen von 11% beworben [92].

- Ebenfalls auf der CeMat 2008 stellte Linde ein Hybrid-Gabelstapler-Konzept auf Basis eines H35 vor [58].

- In 2009 präsentierte Mitsubishi den Gabelstapler GRENDiA EX Hybrid, einen parallel-seriellen diesel-elektrischen Hybrid-Stapler mit einer Li-Ion-Batterie [59].

- Auf dem 5. Kolloquium Mobilhydraulik in Karlsruhe stellten die Firmen Weber Hydraulik und Jungheinrich einen Stapler vor, der beim Absenken der Last potentielle Energie zurückgewinnen kann [39].

- Toyota präsentierte auf der ProMat 2009 in Chicago einen diesel-elektrischen Hybridgabelstapler [52].

- Kalmar stellte im Dezember 2010 einen Terminal Tractor mit hydrostatischem Parallelhybrid vor. Kraftstoffeinsparungen von 20% werden beworben [26].

- Capacity of Texas hat eine Zugmaschine für den Hafeneinsatz entwickelt. Diese ist mit einem diesel-elektrisch-seriellen Hybridantrieb ausgestattet, der Kraftstoffverbrauch soll um 60%, die Geräuschemissionen um 30% reduziert worden sein [53].

- Der niederländische Kranhersteller Spierings hat mit dem City Boy SK387-AT3 einen diesel-elektrisch-seriellen AT-Mobilkran im Programm. Dieser verfügt über eine Li-Ion-Batterie mit $30kWh$-Energieinhalt [66].

Forstmaschinen Die Forstmaschinen sind ein vergleichsweise kleiner Zweig der mobilen Arbeitsmaschinen. Dennoch gibt es auch hier Hybridaktivitäten. Neben technischen Gesichtspunkten wie Kraftstoffeffizienz, dürfte auch der Wald als sensible Arbeitsumgebung dieser Maschinen eine Rolle bei den Bemühungen zur Hybridisierung spielen. Folgende Maschinen sind bekannt:

- Auf der Messe Elmia Wood 2009 in Schweden wurde der EL-forest F14 vorgestellt, ein diesel-elektrischer Tragschlepper (Forwarder). Dabei wurde auf Komponenten von Volvo zurückgegriffen [30].

- Ebenfalls auf der Elmia Wood 2009 stellte John Deere die Maschinen 540H (cable) und 548H (grapple) vor [76, 64].

- Auf der Messe Interforst 2010 in München stellte HSM den Harvester HSM405H vor mit der Option „Energiespeicher". Diese Maschine ist mit einem $60l$-Hydrospeicher am Hydraulikkreislauf für den Harvesterkopf ausgerüstet. Der Harvesterkopf wird von einer eigenen Pumpe mit Öl versorgt, durch den Speicher handelt es sich um ein System mit eingeprägtem Druck. Vorteilhaft ist die verringerte Belastung des Verbrennungsmotors durch Momentenstöße (Phlegmatisierung). Druckspitzen beim Zu- und Abschalten einzelner Verbraucher (Säge, Vorschubwalzen) werden deutlich verringert. Der Harvesterkopf reagiert insgesamt spontaner, was zu einer erhöhten Produktivität des Maschineneinsatzes führt [65].

2.2.3. Aktuelle Forschung

Die oben dargestellten Prototypen, Demonstratoren und Serienmaschinen entstammen etablierten Maschinenherstellern.[3] Über die Beteiligung von (öffentlichen) Forschungseinrichtungen an der Entwicklung der gezeigten Maschinen werden herstellerseitig in der Regel keine Angaben gemacht. Dennoch sind mehrere Forschungseinrichtungen mit dem Thema der Hybridantriebe für mobile Arbeitsmaschinen beschäftigt. Eine Auswahl bekannter Projekte wird im Folgenden gezeigt:

- Das Automotive Research Center der University of Michigan, Ann Arbor, Michigan, USA forscht an einem hybridgetriebenen geländegängigen schweren Nutzfahrzeug.[4] Dabei wird ein diesel-elektrisch-serieller Antrieb mit Radnabenmotoren betrachtet [22].

- Am Center for Compact and Efficient Fluid Power, University of Minnesota, Minneapolis, USA wurde ein leistungsverzweigter hydrostatischer Hybridantrieb entwickelt [43]. Dieses Projekt fokussiert vorerst Pkw, ist aber projizierbar auf mobile Arbeitsmaschinen.

- Am MAHA Fluid Power Research Center der Purdue University West Lafayette, Indiana, USA werden verschiedene hydrostatische Hybridantriebe und Betriebsstrategien untersucht [91, 41, 42].

- Die elektrische Hybridisierung eines Baggerladers wurde am Departement of Engineering der University of Cambridge, Großbritannien zusammen mit JCB simulativ untersucht, wobei verschiedene Antriebsstrangvarianten betrachtet wurden (parallel, seriell und leistungsverzweigt) [70].

- Am State Key Laboratory of Fluid Power Transmission and Control, Zhejiang University, Hangzhou, China wurde ein elektrisch-hydraulischer Hybridantrieb für einen Bagger entwickelt [44].

- Am Institut für Landmaschinen und Fluidtechnik der TU Braunschweig wurde ein System zur Energierückgewinnung aus hydrostatischen Arbeitsantrieben entwickelt [83].

---

[3]Eine Ausnahme stellt die in 2006 gegründete Firma El-forrest dar.

[4]Es handelt sich um ein 6-Rad-Fahrzeug mit 15t-Einsatzgewicht, einer Ladepritsche und einem Ladekran.

- An der Professur für Maschinenelemente und technische Logistik der Helmut-Schmidt-Universität Hamburg wurde ein Gabelstapler mit diesel-elektrisch-leistungsverzweigtem Hybridantrieb entwickelt und getestet [28].

- Am Lehrstuhl für Mobile Arbeitsmaschinen des Karlsruher Instituts für Technologie wurde eine Hydrauliksystem mit Zwischendruckleitung entwickelt, dass die Rückgewinnung von Energie aus Arbeitsverbrauchern ermöglicht [18]. Gemeinsam mit dem Institut für Landmaschinen und Fluidtechnik der TU Braunschweig werden Hybridantriebsstrangarchitekturen für Fahr- und Arbeitsantriebe methodisch entwickelt und bewertet [54].

2.3. Funktionen hybrider Antriebe

Ein Hybridantrieb kann mit einer Vielzahl verschiedener Funktionen versehen sein, die der Erreichung der gewählten Ziele dienen. Manche dieser Funktionen werden wesentlich durch den Aufbau des Antriebsstrangs in seinen Leistungskomponenten bestimmt, andere sind vorwiegend in der Betriebsstrategie implementierbar. Es folgt eine Auflistung und Erläuterung bekannter Funktionen.

Rekuperation   In Bezug auf Hybridantriebe bezeichnet Rekuperation die Rückgewinnung kinetischer oder potentieller Energie und deren Speicherung in einer technisch einfach nutzbaren Form. Häufig wird auch der Begriff Bremsenergierückgewinnung synonym zur Rekuperation verwendet. Kinetische Energie tritt in zwei Erscheinungsformen auf: Die Energie eines rotierenden Körpers [2.9] und die Energie eines translatorisch bewegten Körpers [2.10].

$$E_{kin,rot} = \frac{1}{2}J\omega^2 \qquad [2.9]$$

$$E_{kin,trans} = \frac{1}{2}mv^2 \qquad [2.10]$$

Die Rotationsenergie eines trägen Körpers kann in die Translationsenergie eines trägen Ersatzkörpers umgerechnet werden. Gleichung [2.11] zeigt dies am Beispiel eines Reifen mit dem Radius r und dem Trägheitsmoment J und unter Verwendung der Beziehung $v = \omega r$.

$$\frac{1}{2}mv^2 = \frac{1}{2}J\omega^2 \Rightarrow \frac{1}{2}m\omega^2 r^2 = \frac{1}{2}J\omega^2 \Rightarrow mr^2 = J \qquad [2.11]$$

Bei verlustfreier Rechnung kann die gesamte kinetische oder potentielle Energie rekuperiert werden. Durch Reibung und Wirkungsgradeinflüsse ist die tatsächlich rekuperierbare Energie immer geringer als die kinetisch oder potentiell vorhandene Energie (vgl. S. 7). Als wesentliche Verlusteinflüsse sind Wirkungsgrade der Speicher, der Energiewandler und der Übertragungsglieder zu nennen. Bei ungünstigen Bodenverhältnissen oder unpassender Bereifung sind die Verluste im Rad-Boden-Kontakt besonders gravierend. Werden die Verluste über den Rollreibungswiderstandsbeiwert f_{roll} abgebildet, ergibt sich eine Verringerung der rekuperierbaren kinetischen Energie entsprechend Gleichung [2.12], wobei s die zurückgelegte Strecke ist und die Verzögerung a als konstant angenommen wird. Bei hohen Geschwindigkeiten kommen noch Verluste durch den Strömungswiderstand hinzu. Bei üblichen Geschwindigkeiten mobiler Arbeitsmaschinen kann dieser Effekt jedoch vernachlässigt werden.

$$
\begin{aligned}
E_{rek} &= E_{kin} - f_{roll} \cdot F_G \cdot s \\
&= \frac{1}{2}mv^2 - f_{roll} \cdot F_G \frac{1}{2}\frac{v^2}{a} \\
&= \frac{1}{2}\left(m - \frac{f_{roll} \cdot F_G}{a}\right)v^2
\end{aligned}
\qquad [2.12]
$$

In Abb. 2.2 ist das Rekuperationspotential über den Rollwiderstandsbeiwert dargestellt. Als Daten für die Ausgangssituation wurde angenommen: Verzögerung $a = -2m/s^2$, äquivalente interne Reibung des Antriebs umgerechnet in eine Zugkraft $F_{reib} = 0kN$ und ein Rekuperationswirkungsgrad von $\eta_{rek} = 100\%$. Die Fahrzeugmasse sowie die Startgeschwindigkeit, aus der abgebremst wird, haben keinen Einfluss. Variiert wurde jeweils ein Parameter: Erhöhung der Verzögerung auf $a = -3m/s^2$, Verringerung des Rekuperationswirkungsgrades auf $\eta_{rek} = 50\%$ bzw. Verstärkung der internen Reibung auf $F_{reib} = 5kN$. Die Berechnungsgrundlage befindet sich in Anhang C.

Regeneration (direkte Nutzung der rekuperierten Energie) Wird kinetische Energie beim Bremsvorgang zurückgewonnen, gewandelt, in einen Speicher geleitet, zu einem späteren Zeitpunkt wieder entnommen, gewandelt und von einem Verbraucher verwendet, so führen diese zahlreichen wirkungsgradbehafteten Schritte dazu, dass nur ein geringer Anteil der Energie tatsächlich genutzt werden kann. Es liegt daher nahe, die beim Bremsvorgang anfallende Energie direkt zu nutzen, ohne den Umweg über einen

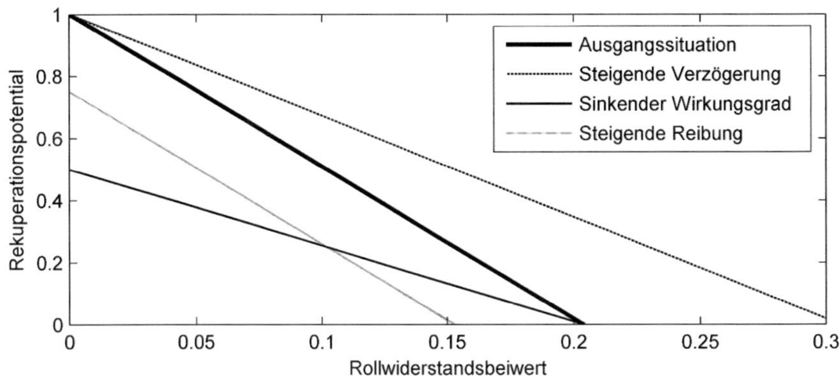

Abb. 2.2.: Rekuperationspotential als Funktion des Rollwiderstandes

Speicher zu gehen. Nach [84] wird hier für die direkte Nutzung der Begriff Regeneration verwendet. Es bietet sich an, die anfallende Bremsenergie beispielsweise zum Betrieb von Arbeitsgeräten oder Nebenaggregaten zu verwenden: Lenkunterstützung (elektrisch/hydraulisch), Last anheben (Stapler), Ladung pressen (Müllfahrzeug), Verstellen eines aktiven Fahrwerks etc.

Verschleißfreies Bremsen   Das rekuperative und regenerative Bremsen verringert die Nutzung einer konventionellen Reibbremse, dadurch wird der Bremsenverschleiß reduziert. Auch andere Verschleißteile werden eventuell weniger stark belastet (Kupplungen, Getriebeteile etc.). Möglicherweise kann durch die Hybridisierung auf einen Retarder verzichtet werden, da das nötige Bremsmoment vom sekundären Antrieb aufgebracht werden kann. Auch bei vollem Speicher ist jedoch die gesamte Bremsleistung sicherzustellen.

Leerlaufabschaltung/Start-Stopp-Betrieb   Leerlaufabschaltung ist auch bekannt als Aussetzbetrieb und bezeichnet das Abschalten des primären Antriebs in Phasen minimaler oder keiner Leistungsabgabe. Durch das Abschalten werden Leerlaufverluste vermieden, der Luftmassenstrom durch den Abgasstrang kommt zum Erliegen, was das Auskühlen des Abgasstranges verzögern kann. Geräusch und Vibration werden reduziert. Demgegenüber steht ein deutlicher Anstieg der Start-Vorgänge, was bei der Dimensionierung des Starters und dessen Energiequelle berücksichtigt werden muss. Naheliegend ist es, den Primärantrieb durch den Sekundärantrieb zu starten (siehe: Fremdstart des Verbrennungsmotors).

Fremdstart des Verbrennungsmotors In einem Hybridantrieb liegt durch den sekundären Antrieb und den sekundären Speicher ein System vor, das grundsätzlich dazu geeignet ist, den primären Antrieb (den Verbrennungsmotor) ohne Einsatz des klassischen Anlassers zu starten. Ob dies tatsächlich gelingt, ist in erster Linie eine Frage der Auslegung der Komponenten. Weiterhin muss diese Funktion in der Betriebsstrategie implementiert sein. Bei der Dimensionierung ist besonders zu beachten, dass das Kaltstartmoment deutlich höher liegt als das Warmstartmoment. Kann das hohe Kaltstartmoment durch den sekundären Antrieb erbracht werden und ist gewährleistet, dass der sekundäre Speicher stets genügend Energie enthält, kann auf den Einbau eines konventionellen Anlassers vollständig verzichtet werden. Diese Funktion wird sinnvollerweise mit der Leerlaufabschaltung kombiniert.

Emissionsfreier Betrieb Je nach Antriebsstrangarchitektur ist es möglich, lokal emissionsfrei zu fahren und zu arbeiten. Dafür muss der Verbrennungsmotor abgestellt werden und ein Speicher mit genügend Energieinhalt zur Verfügung stehen. Der sekundäre Antrieb muss dann alle relevanten Abtriebe hinreichend versorgen. Dabei werden lokal keine Abgase (stoffliche Emissionen) produziert. Das gilt nicht für das vorherige Füllen des Speichers.

Betriebspunktstrategie In einem konventionellen Antriebsstrang mit Stufengetriebe wird die Verbrennungsmotordrehzahl durch die Geschwindigkeit des Abtriebs und das Verbrennungsmotormoment durch die Last am Abtrieb bestimmt. Nur durch das Ändern der Gangstufe des Getriebes lässt sich der Betriebspunkt des Verbrennungsmotors verschieben, und dies nur in diskreten Schritten. Liegt ein stufenloses Getriebe vor, so ist die Verbrennungsmotordrehzahl von der Abtriebsdrehzahl entkoppelt. In diesem Fall kann der Betriebspunkt verschoben werden und zwar entlang der jeweiligen Leistungshyperbel. Ist zusätzlich ein Speicher im Antriebsstrang vorhanden, kann der Betriebspunkt auch quer zu den Leistungshyperbeln verschoben werden. Zum Beispiel hin zu einem Bereich mit gewünschten Eigenschaften, wie z. B. geringer Verbrauch oder geringe Emissionen (NO_x, Ruß, CO, HC, Lärm). Wird ein Betriebspunkt hin zu höherem

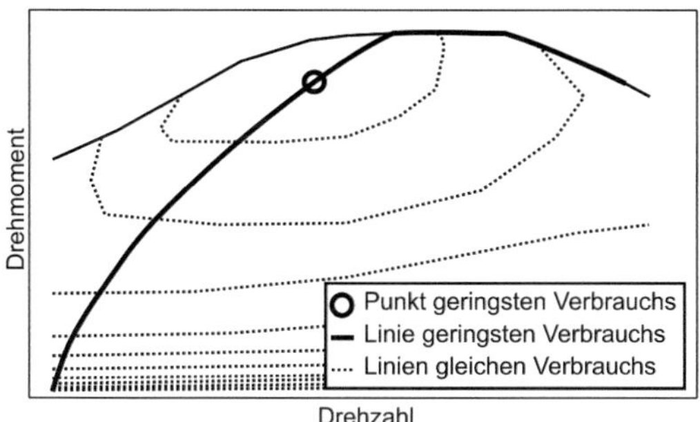

Abb. 2.3.: Motorkennfeld mit Linie und Punkt geringsten Verbrauchs

Moment und niedrigerer Drehzahl verschoben, ist zu beachten, dass sich die Momentenreserve verringert. Dies führt zu einem veränderten Ansprechverhalten der Maschine.

Phlegmatisierung bezeichnet die Beruhigung eines Aggregates, in der Regel des Verbrennungsmotors. Eine Definition des Begriffes findet sich bereits in Kap. 2.1. Hohe dynamische Anforderungen an den Verbrennungsmotor führen zu transienten Betriebsbedingungen, die erhöhte Verbrauchs- und Emissionswerte zur Folge haben. Durch Phlegmatisierung können die transienten Zustände verringert bzw. abgeschwächt werden, wodurch auch Verbrauchs- und Emissionswerte sinken. Wobei neben stofflichen auch akustische Emissionen betroffen sind.

Rightsizing Rightsizing bezeichnet im Allgemeinen eine Reduzierung auf die optimale Größe.[5] Im Speziellen bedeutet Rightsizing die Verringerung der absoluten installierten Verbrennungsmotorleistung einer Maschine mit dem Ziel der Anpassung an den tatsächlichen Bedarf [87]. Ein durch Rightsizing verkleinerter Verbrennungsmotor geringerer Leistung ist in der Anschaffung preiswerter, im Verbrauch sparsamer und beansprucht weniger Bauraum als ein entsprechend größerer Motor. Die verringerte Verbrennungsmotorleistung kann durch Hybridisierung kompensiert werden, wodurch die Gesamtleistungsfähigkeit der Maschine nicht nötigerweise verringert, eventuell sogar gesteigert wird (siehe Abb. 2.4a).

---

[5]Merriam-Webster Online Lexikon: intransitive verb: to undergo a reduction to an optimal size. `http://www.merriam-webster.com`, abgerufen am 08.11.2010

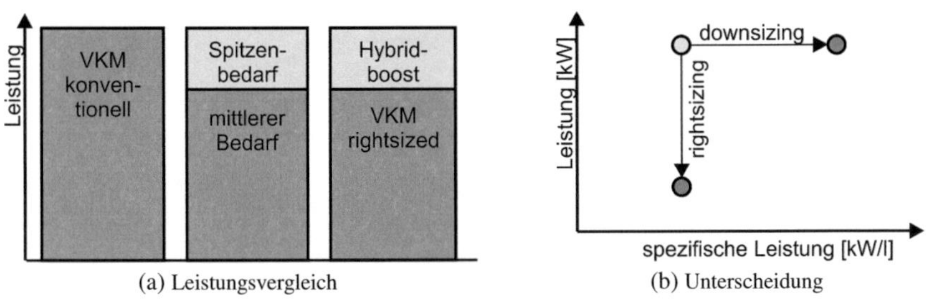

(a) Leistungsvergleich   (b) Unterscheidung

Abb. 2.4.: Rightsizing und Downsizing

Fälschlicherweise wird dieser Begriff teilweise mit Downsizing verwechselt. Eine Verdeutlichung der Unterschiede der beiden Begriffe zeigt Abb. 2.4b.

Downsizing beschreibt in der Verbrennungsmotorenentwicklung das Bestreben, gleiche Leistung mit weniger Hubvolumen zu erreichen. Dies geht einher mit einer Verbesserung des Wirkungsgrades. Um dies zu erreichen, wird der Motor mit höheren Mitteldrücken betrieben. Die höheren Mitteldrücke führen dazu, dass die Verluste durch Wandwärmeübergang, Ladungswechsel und die mechanischen Verluste verringert werden. Erreicht wird die Erhöhung des Mitteldrucks in der Regel durch die Vergrößerung des Verdichtungsverhältnisses und/oder Turbo- oder Kompressoraufladung. Eine Abgrenzung gegenüber des Rightsizings zeigt Abb. 2.4b.

Entkopplung von Nebenverbrauchern stellt eine weitere Möglichkeit dar, den Kraftstoffverbrauch zu reduzieren. Neben der Kernaufgabe des Verbrennungsmotors – den Antriebsstrang mit Drehmoment zu versorgen – muss dieser diverse Nebenverbraucher, wie z. B. Klimakompressor, Luftpresser, Lüfterrad, Lichtmaschine, Öl- und Kühlwasserpumpe etc. antreiben. Da diese Nebenverbraucher in der Regel mechanisch an den Verbrennungsmotor gekoppelt sind, können sie nicht immer optimal betrieben werden; ihre Drehzahl ist im Allgemeinen direkt mit der Verbrennungsmotordrehzahl gekoppelt. Daher bietet es sich bei einem Hybridantrieb an, diese Nebenverbraucher vom Verbrennungsmotor zu entkoppeln und stattdessen aus dem Speicher des sekundären Antriebes bedarfsgerecht zu versorgen.

Boost   Sowohl hybride als auch konventionelle Antriebsstränge können durch Boosten (kurzzeitig) erhöhte Leistungen oder Momente zur Verfügung stellen. Dafür stehen verschiedene Technologien zur Verfügung, die uneinheitlich bezeichnet werden. Im Folgenden sollen relevante Boost-Technologien vorgestellt werden, wobei deren jeweilige Bezeichnung teilweise uneinheitlich verwendet wird. *Hybridboost* bezeichnet das Boosten durch den sekundären Antrieb mit der Energie des sekundären Speichers. Dies kann entweder zur Leistungssteigerung einer Maschine verwendet werden oder, wie in Abb. 2.4a dargestellt, zum Ausgleichen der Leistungsminderung durch Rightsizing. *Passiver Boost* kann erzielt werden, indem Nebenverbraucher kurzzeitig abgeschaltet werden, sodass mehr Drehmoment für die Hauptverbraucher (Fahr- und Arbeitsantrieb) zur Verfügung steht. Dies ist mit den Nebenverbrauchern möglich, die intermittierend betrieben werden können. So ist das Abschalten des Klimakompressors im Sekundenbereich für den Fahrer nicht spürbar, der Klimakompressor kann folglich für einen passiven Boost kurzzeitig abgeschaltet werden. *Turboboost* bezeichnet das kurzzeitige Überhöhen des Verbrennungsmotordrehmoments. Dies wird erreicht, indem der Ladedruck erhöht und die Einspritzmenge angepasst wird. Um eine mechanische Schädigung des Motors zu verhindern, ist der Turboboost zeitlich limitiert. Dies ist teilweise bekannt als Turbooverboost oder Overboost [7].

Segeln   bezeichnet einen Fahrzustand, den einige Hybrid-Pkw ermöglichen. Wird während der Fahrt das Gaspedal entlastet, führt dies bei konventionellen Fahrzeugen zu einer Verzögerung durch die Bremswirkung des Verbrennungsmotors. Beim Segeln wird jedoch der Verbrennungsmotor ausgekuppelt und abgeschaltet. Lediglich Roll- und Luftwiderstand verzögern das Fahrzeug. Bei erneuter Gaspedalbetätigung wird der Verbrennungsmotor gestartet. Während des Segelns, also des Fahrens mit abgeschaltetem Verbrennungsmotor, wird folglich kein Kraftstoff verbraucht. Entgegen dem manuellen Abschalten des Verbrennungsmotors, bleiben sämtliche Nebenfunktionen erhalten (Bremskraftverstärkung etc.). Dieser Effekt hat bei mobilen Arbeitsmaschinen in der Regel keine Praxisrelevanz.

Genset-Betrieb (mobile Stromversorgung)   Durch den Einsatz von elektrischer Hybridtechnik wird die Verwendung von mobilen Arbeitsmaschinen als mobile Kraftwerke interessant. Bereits realisierte Beispiele für solch ein Kraftwerk auf Rädern sind Traktoren. Die Abgabe von Leistung für Anbaugeräte mittels Zapfwelle und Hydraulikanschlüssen ist hier schon lange Standard. Bei elektrischen Hybriden ist es mit geringem Aufwand möglich, auch elektrische Leistung an externe Verbraucher abzugeben. Wobei nicht nur elektrifizierte Anbaugeräte, sondern auch Geräte, die klassischerweise an Stromgeneratoren betrieben werden, Verwendung finden können. Ein Traktor mit elektrischer Leistungsabgabe an externe Verbraucher wurde von John Deere unter dem Namen E-Premium bereits auf der Agritechnica 2007 in Hannover vorgestellt [73]. Da dieser Traktor jedoch über keinen sekundären Speicher verfügt, handelt es sich nicht um einen Hybridantrieb.

Unterstützung von Schaltvorgängen   Je nach Anordnung der Komponenten kann beim Schaltvorgang, also bei geöffneter Kupplung mit dem sekundären Antrieb weiterhin ein Antriebsmoment erzeugt werden. Durch das veränderte Drehmomentenangebot durch den sekundären Antrieb, können bei Schaltgetrieben eventuell einzelne Gangstufen vollständig entfallen [11].

2.4. Schlüsselkomponente Speicher

Per oben stehender Definition enthält ein Hybridantrieb stets einen sekundären Speicher (im Folgenden: Speicher). Dieser Speicher versorgt den sekundären Antrieb mit Energie und Leistung und kann umgekehrt auch Energie bzw. Leistung vom sekundären Antrieb aufnehmen und speichern. In der Regel handelt es sich beim Speicher um eine sehr teure Komponente, die bezüglich Gewicht, Volumen und/oder Lebensdauer eine Herausforderung bei der Integration in die Maschine darstellt. Derzeit verfügbare Speicher stellen, wenn man sie am System Verbrennungsmotor/Kraftstofftank misst, stets einen Kompromiss dar. Der einzige gewichtige Vorteil der Speicher in diesem Vergleich ist die Möglichkeit der Aufnahme von Energie/Leistung aus dem Antriebsstrang. Es erscheint gerechtfertigt, den Speicher als Schlüsselkomponente eines Hybridantriebes zu bezeichnen.

Für die hybriden Antriebe haben sich eine Reihe verschiedener Speichertechnologien als angemessen herausgestellt. Diese sollen im Folgenden vorgestellt werden. Es folgt ein Vergleich dieser Speicher.

2.4.1. Schwungradspeicher

Zu den mechanischen Energiespeichern zählen die Schwungräder. Diese speichern kinetische Energie in der Rotation eines trägen Körpers. Da Schwungräder vorzugsweise mit hohen Drehzahlen betrieben werden, und ihre Drehzahl abhängig von ihrem Ladezustand ist, können diese Schwungräder nicht starr mit dem Antriebsstrang verbunden werden. Im Kontext hybrider Antriebe werden zwei prinzipiell verschiedene Typen von Schwungrädern diskutiert: Solche, die mechanisch und solche die elektrisch an den Antriebsstrang angebunden werden. Bei den mechanischen Varianten geschieht dies über kontinuierlich verstellbare Getriebe (z. B. Toroidgetriebe). Bei der elektrischen Variante kann das Schwungrad als elektrische Maschine mit hoher Trägheit betrachtet werden. Diese Maschine muss motorisch und generatorisch betrieben werden können, der Anschluss erfolgt dann wiederum über eine zweite elektrische Maschine, die mechanisch an den Antriebsstrang angebunden ist. Die beiden elektrischen Maschinen werden über Wechselrichter gekoppelt und stellen ein elektrisches Getriebe dar.

Um nennenswerte Energien speichern zu können, werden hohe Drehzahlen verwendet (die Masse des Schwungrades geht linear, seine Geschwindigkeit quadratisch in die gespeicherte Energie ein: $E_{kin} = \frac{1}{2}J\omega^2$). Um diesen Zusammenhang bestmöglich auszunutzen, werden Schwungradspeicher vermehrt aus Kohlenstofffaser-Verbundwerkstoffen gefertigt, die bei geringem Gewicht hohe Festigkeiten haben und damit hohe Geschwindigkeiten zulassen. Weiterhin wird bremsende Luftreibung durch Evakuieren des Gehäuses weitestgehend ausgeschlossen. Lagerreibungsverluste werden durch den Einsatz von magnetischen Lagern minimiert. Grundsätzlich bleiben jedoch geringe Verluste erhalten, sodass diese Form der Energiespeicherung besonders geeignet ist, wenn kurze Lade- und Entladezyklen gefordert sind. Aufgrund der hohen Drehzahlen müssen die auftretenden Kreiselmomente im mobilen Einsatz besonders berücksichtigt werden, zum Beispiel durch kardanische Aufhängungen.

2.4.2. Hydro-pneumatische Speicher

In hydraulischen Systemen ist es bereits seit Jahrzehnten Stand der Technik, Energie in hydro-pneumatischen Speichern (im Folgenden: Hydrospeicher) zu speichern [37]. Die Energiespeicherung basiert dabei auf der Kompression eines Gases mittels einer Flüssigkeit. Je nach Randbedingungen können die Zustandsänderungen des Gases als isotherm, adiabat oder als eine Zwischenstufe davon bezeichnet werden.

Der Energiegehalt eines Hydrospeichers berechnet sich unter der Annahme eines Idealgases nach [75] entsprechend der Gleichungen [2.13] bzw. [2.14]. Wobei der Polytropenexponent für den isothermen Fall $n = 1$ und für den adiabaten Fall $n = \kappa$ mit $\kappa = 1,4$ für N_2 ist. Die Energie wird beim Anstieg des Speicherdrucks von $p = p_1$ auf $p = p_2$ aufgenommen.

$$E = \frac{V_1 p_1}{n-1} \left[\left(\frac{p_2}{p_1} \right)^{\frac{n-1}{n}} - 1 \right] \tag{[2.13]}$$

Für den isothermen Fall wird aus der Gleichung [2.13] bei einer Grenzwertbetrachtung

$$\lim_{n \to 1} E = V_1 p_1 \ln \left(\frac{p_2}{p_1} \right). \tag{[2.14]}$$

Hydrospeicher können hohe Leistungen zur Verfügung stellen, die speicherbare Energie ist jedoch begrenzt. Die Lebensdauer von Hydrospeichern ist unkritisch und übersteht in der Regel ein normales Maschinenleben[6] unbeschadet. Je nach Speichertyp gibt es Verschleißelemente, die gegebenenfalls ausgetauscht werden müssen. Hydrospeicher unterliegen der Druckgeräterichtlinie (Richtlinie 97/23/EG des Europäischen Parlaments und des Rates vom 29. Mai 1997), sowie der Betriebssicherheitsverordnung (BetrSichV). Sicherheitsüberprüfungen von Hydrospeichern sind in Intervallen vorzunehmen, dies geschieht häufig im Rahmen von allgemeinen Maschinenwartungen. Verschleißteile wie Membranen und Dichtungen sind gegebenenfalls auszutauschen.

Beim Einsatz von Hydrospeichern ist auch auf das Versagensverhalten zu achten. Blasen- und Membranspeicher haben ein schlagartiges Versagensverhalten, das aus dem Reißen der Blase bzw. Membran resultiert. Kolbenspeicher haben einen kontinuierlichen Verschleiß an der Kolbendichtung. Das alterungsbedingte Schadensverhalten ist somit ebenfalls kontinuierlich.

2.4.3. Batterien

Eine Batterie bezeichnet den Zusammenschluss mehrerer galvanischer Zellen zu einer Einheit. Handelt es sich dabei um Primärzellen, so ist die daraus zusammengesetzte Batterie nicht wiederaufladbar. Die Verwendung von Sekundärzellen hingegen ermöglicht

---

[6]Die erwartete Lebensdauer eines Teleskopladers beträgt z. B. 10.000 Stunden [29].

das Wiederaufladen der Batterie. Auf die Verwendung des umgangssprachlichen Begriffs *Akkumulator* wird hier verzichtet. Da im Kontext hybrider Antriebe nur wiederaufladbare Batterien von Bedeutung sind, wird keine explizite Unterscheidung gemacht und im Folgenden stets der sekundäre Typus gemeint.

Batterien werden in der Regel nach ihren Elektrodenmaterialien benannt. So unterscheidet man beispielsweise Blei- und Lithiumbatterien, die im Folgenden betrachtet werden sollen.

Speicher auf Blei-Basis Bleibatterien werden seit Jahrzehnten erfolgreich zur Traktion mobiler Arbeitsmaschinen eingesetzt. Batterie-elektrische Stapler und innerbetriebliche Kleinschlepper setzten bislang ausschließlich diesen Batterietyp ein. Dominierende Eigenschaften sind Robustheit, geringe Kosten und hohes Gewicht. Das hohe Gewicht macht sie für den Einsatz in Elektrofahrzeugen mit hoher Reichweite unbrauchbar. Bei mobilen Arbeitsmaschinen, die ohnehin oft mit Ballastgewichten ausgestattet sind, spielt dies eine untergeordnete Rolle. Schwerwiegender ist die begrenzte Zyklenzahl, die Bleibatterien ertragen. Durch irreversible chemische Prozesse verlieren Batterien im Laufe ihrer Nutzung an Kapazität, im Gegenzug steigt der Innenwiderstand. Dieses Verhalten ist bei Bleibatterien stark ausgeprägt.

Speicher auf Lithium-Basis Lithium-Batterien haben in den letzten Jahren in vielen Anwendungen nickel-basierte Batterien[7] verdrängt und aufgrund ihres geringen Gewichts neue batteriebetriebene Geräte möglich gemacht. Ihre positiven Eigenschaften sind die hohe Leistungsdichte (im Vergleich zu anderen Batterien) und ihre hohe Energiedichte (im Vergleich zu allen anderen Speichern). Nachteilig sind der hohe Preis und die vergleichsweise geringe Lebensdauer. Im Einsatz und zu unterscheiden sind heute Li-Ion- und Li-Polymer-Typen. Zukünftig werden Li-Schwefel und Li-Luft deutlich höhere Energiedichten (Li-S bis $400Wh/kg$, Li-Luft bis $830Wh/kg$) bieten. Allerdings befinden sich diese Batterietypen noch im Forschungsstadium. Mit deren serienreifer Einsetzbarkeit wird ab 2025 gerechnet [67].

Zur Schonung der Li-Batterien ist es notwendig, dass nur ein geringer Teil der Ladekapazität genutzt wird. So ist zum Beispiel ein ΔSOC von 20% um 65% der Vollladung sinnvoll. Das heißt, die Batterie wird nicht unter 55% und nicht über 75% geladen. Da-

---

[7]Z. B. Nickel-Metallhydrid (NiMh) und Nickel-Cadmium (NiCd).

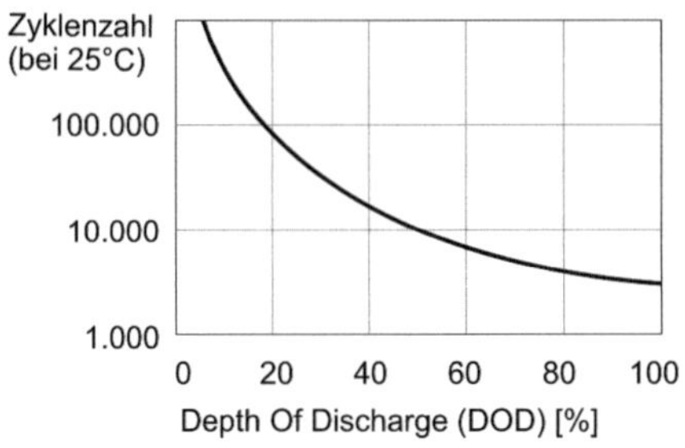

Abb. 2.5.: DOD-abhängige Lebensdauer [78]

durch verlängert sich die Lebensdauer der Batterie. Außerdem bietet diese Ladestrategie einen Puffer in beide Richtungen (laden/entladen), der für Notfallsituationen genutzt werden kann. Das DOD-abhängige Alterungsverhalten von Li-Ion-Batterien gibt Abb. 2.5 wieder [78].

2.4.4. Doppelschichtkondensatoren

Kondensatoren können im Allgemeinen hohe Leistungen ($P = UI$) abgeben und aufnehmen. Ihr Energiegehalt ($E = \frac{1}{2}CU^2$) ist hingegen sehr gering. Doppelschichtkondensatoren stellen unter den Kondensatoren eine Ausnahme dar, da sie eine deutlich höhere Energiekapazität aufweisen als Kondensatoren anderer Bauarten. Als Speicher in Hybridantrieben werden ausschließlich Kondensatoren in Doppelschicht-Bauweise verwendet und in Betracht gezogen. Diese haben ein relativ geringes Spannungsniveau, was eine Reihenschaltung notwendig macht. Um die Ladung in den einzelnen Kondensatoren gleich zu halten, wird sie über spezielle Elektroniken permanent angepasst. Doppelschichtkondensatoren weisen eine hohe Zyklenfestigkeit auf und erreichen damit, je nach Einsatz, gute Lebensdauern [40]. Im Praxiseinsatz in einem Bus erreichten Doppelschichtkondensatoren einen durchschnittlichen Wirkungsgrad von 85% (min. 79%, max. 90%) [33].

2.5. Betriebsstrategie

Die Betriebsstrategie bestimmt maßgeblich die tatsächliche Energieeinsparung. Die mechanischen, elektrischen und hydraulischen Komponenten eines hybriden Antriebsstranges bestimmen, wie viel Energie theoretisch eingespart werden kann, die Betriebsstrategie bestimmt, wie viel vom theoretischen Einsparpotential praktisch ausgenutzt wird. Beispielsweise konnten bei einem bestehenden Hybrid-Pkw durch eine verbesserte Betriebsstrategie weitere $1,5\%$ Kraftstoff eingespart werden. Hierzu wurden ausschließlich Softwareänderungen durchgeführt [5]. Andererseits kann es durch eine entsprechend schlecht gewählte Betriebsstrategie sogar zu einem Mehrverbrauch gegenüber einer nicht hybridisierten Referenzmaschine kommen.

Die Komplexität eines Hybridantriebsstrangs macht eine übergeordnete Steuerung notwendig, die die fahrzustandsabhängige Komponentenansteuerung übernimmt. Eingangsgrößen einer solchen Steuerung müssen Ist-Daten (Geschwindigkeit, Speicherzustand etc.) und Soll-Daten (Lenkradstellung, Gaspedalstellung etc.) sein. Die Ausgangsgrößen werden entweder direkt an die einzelnen Komponenten gegeben (Pumpenschwenkwinkel etc.) oder an entsprechende Komponentensteuergeräte übermittelt (Motorsteuergerät etc.). Das übergeordnete Hybridsteuergerät ist dann für das bestmögliche Ausschöpfen des theoretischen Systemwirkungsgrads verantwortlich. Die im Steuergerät hinterlegten Entscheidungslogiken/Entscheidungsalgorithmen werden als Betriebsstrategie bezeichnet.

Im Folgenden werden Beispielstrategien aufgezeigt, wobei nur die Makroebene betrachtet wird, also nur eine allgemeine übergeordnete Strategie. Im Detail bzw. auf der Mikro-Ebene muss jede dieser Makrostrategien vielfältige Teillösungen enthalten, die z. B. das konkrete Ansteuern einzelner Antriebsstrangkomponenten regeln.

Leistungslimits Eine Betriebsstrategie für hydraulische parallele Hybridantriebe für Nutzfahrzeuge wurde an der University of Michigan entwickelt. In einem ersten Ansatz wurden zwei Leistungsgrenzen definiert. Unterhalb der niedrigen Grenze fährt das Fahrzeug nur über den sekundären Speicher. Im mittleren Feld zwischen den zwei Grenzen wird das Fahrzeug ausschließlich über den Verbrennungsmotor betrieben. Oberhalb der oberen Grenze werden Verbrennungsmotor und Hydromotor parallel eingesetzt. Diese Strategie führte zu einer geringen Auslastung des Hydromotors, außerdem konnte nicht während eines gesamten Bremsvorgangs Energie rekuperiert werden, da der Speicher bereits vor dem Fahrzeugstillstand voll war. Dennoch konnten mit dieser schlichten Betriebsstrategie über 30% Reichweitensteigerung gegenüber dem nicht hybridisierten Fahrzeug erreicht werden. Als Versuchsfahrzeug diente ein $7t$-Lkw im innerstädtischen Verteilerverkehr [93].

Kennfeldzonen Eine Weiterentwicklung der oben genannten Leistungslimits-Strategie soll als Kennfeldzonen-Strategie bezeichnet werden. In einer Drehmoment-Drehzahl-Darstellung des Bedarfskennfeldes (Abtriebsseite) werden verschiedene Zonen definiert, in denen jeweils spezifische Kombinationen der Leistungsflüsse des primären und sekundären Antriebs eingestellt werden. So kann beispielsweise ein Bereich definiert werden, in dem der Primärantrieb Leistung abgibt, der sekundäre Abtrieb Energie aufnimmt und in den Speicher lädt. Das Beispiel einer solchen Strategie zeigt FISCHER in [23]. Diese Veröffentlichung bezieht sich auf Pkw und zeigt Kraftstoffeinsparungen bis 26% für einen leistungsverzweigten Hybrid. Werden weiterhin Arbeitsverbraucher angetrieben, muss ein zweites Bedarfskennfeld hinzugezogen werden. Die Kennfeldzonen-Strategie stößt dann an ihre Grenzen.

Kennfeldzonen mit nachgeschalteten Filtern Eine Umsetzung der Kennfeldzonen-Strategie dürfte in der oben beschriebenen schlichten Weise nicht zielführend sein. Stattdessen müssen verschiedene Rand- und Übergangsbedingungen beachtet werden. Dies kann beispielsweise über nachgeschaltete Filter geschehen. Randbedingungen wären z. B. der Ladezustand des Speichers und thermische Zustände des Speichers und der Antriebe. Übergangsbedingungen müssen definieren, wie der Übergang zwischen den Zonen gestaltet wird – eine einfache Herangehensweise ist die Verwendung von Hysteresen.

Ein Beispiel für eine solche Strategie gibt BÖHLER in [8]: Die Betriebsstrategie stellt sich dar als eine direkte Zuordnung des Elektromotorkennfeldes (sekundärer Antrieb) zum Kennfeld des Verbrennungsmotors (primärer Antrieb). Das Moment des Elektromotors lässt sich als Funktion von Drehzahl und Drehmoment des Verbrennungsmotors darstellen. Nach der Bestimmung des Moments aus dem Kennfeld, wird dieses durch Filterung entsprechend der Rand- und Übergangsbedingungen angepasst.

Konstante Energiesumme Einen anderen Ansatz einer Betriebsstrategie stellt das Ausbalancieren der gespeicherten mit der kinetischen Energie einer hybridisierten Maschine dar:

$$\sum E = \text{konst.} = E_{kin} + E_{pot} \qquad [2.15]$$

Diese Strategie gewährleistet, dass bei langsamer Fahrt oder Stillstand stets Energie im Speicher zur Verfügung steht, die zum Beschleunigen genutzt werden kann. Umgekehrt kann die bei der Verzögerung frei werdende Rekuperationsenergie stets vollständig in den Speicher geladen werden. Stehen mehrere Gangstufen zur Verfügung, ist es sinnvoll, in Abhängigkeit des gewählten Gangs eine unterschiedliche Skalierung zu wählen, sodass der Speicher für die maximale Arbeitsgeschwindigkeit ausgelegt wird (Bsp. $20 km/h$). Für die maximale Transportgeschwindigkeit wird die Solldruckvorgabe nach oben skaliert. Dies beschränkt die Absolutgröße des Speichers und ist zulässig, wenn Vollbremsungen aus maximaler Transportgeschwindigkeit eher selten sind.

Für die Berechnung des Solldruckes p_{soll} eines hydrostatischen Speichers bei dieser Betriebsstrategie ergibt sich folgender formelmäßiger Zusammenhang, basierend auf der Sollenergie E_{soll}:

$$
\begin{aligned}
E_{soll} &= \frac{1}{2}mv_{max}^2 - \frac{1}{2}mv_{ist}^2 \\
&= \frac{1}{2}m\left(v_{max}^2 - v_{ist}^2\right)
\end{aligned}
\qquad [2.16]
$$

$$
\begin{aligned}
E_{soll} &= \frac{V_1 p_1}{n-1}\left[\left(\frac{p_{soll}}{p_1}\right)^{\frac{n-1}{n}} - 1\right] \\
\Leftrightarrow p_{soll} &= p_1\left[\left(\frac{n-1}{V_1 p_1}\right)E_{soll} + 1\right]^{\frac{n}{n-1}}
\end{aligned}
\qquad [2.17]
$$

Durch das Einsetzen von [2.16] in [2.17] ergibt sich:

$$
p_{soll} = p_1\left[\left(\frac{n-1}{V_1 p_1}\cdot\frac{1}{2}m\left(v_{max}^2 - v_{ist}^2\right)\right) + 1\right]^{\frac{n}{n-1}}
\qquad [2.18]
$$

Rekuperation pur   Einen ähnlichen Ansatz wie die Energiesummen-Strategie verfolgt die reine Rekuperations-Strategie. Nur rekuperierte Energie wird in den Speicher geladen. Aktives Aufladen wird zur Vermeidung langer Wirkungsgradketten nicht durchgeführt. Umgekehrt wird gespeicherte Energie so schnell wie möglich wieder aus dem Speicher genommen, um Lastanforderungen zu bedienen, wodurch der Speicher immer auf einem möglichst niedrigen Niveau gehalten wird. Dadurch kann die beim Bremsen und Absenken anfallende Energie tatsächlich rekuperiert werden und muss nicht wegen eines vollen Speichers in Wärme abgeführt werden.

Zero Emission   Wird dies durch die Gesetzgebung oder den Betreiber der Maschine gefordert, kann durch einen Hybridantrieb lokale Emissionsfreiheit gewährleistet werden. Dies kann zum Beispiel bei der Arbeit in Wohngebieten oder geschlossenen Räumen der Fall sein. Der lokal emissionsfreie Betrieb ist zeitlich begrenzt durch die Speichergröße. Vorstellbar ist, eine solche Strategie zusätzlich zu einer anderen Strategie zu implementieren und vom Bediener bewusst aktivieren zu lassen oder bei der Einfahrt durch ein Hallentor automatisch zu aktivieren.

Phlegmatisierung   Die von der Arbeitsaufgabe und dem Fahrantrieb herstammenden Lastanforderungen unterliegen mitunter sehr starken Schwankungen. Bei konventionellen Antrieben werden diese Schwankungen durch eine entsprechende Veränderung des Betriebspunktes des Verbrennungsmotors abgefangen. Im Hybridantrieb können die dynamischen Anteile über den sekundären Antrieb und die sich nur langsam ändernde Grundlast vom Verbrennungsmotor bedient werden. Wichtig ist dabei, dass der sekundäre Antrieb deutlich schneller sein Drehmoment ändert als es der Verbrennungsmotor tut. Weiterhin muss der Speicher derart dimensioniert sein, dass dieser Phlegmatisierungsbetrieb kontinuierlich aufrechterhalten wird.

Ein-Punkt-Betrieb: Die gedankliche Weiterentwicklung des phlegmatisierten Betriebes ist der Ein-Punkt-Betrieb. Hierbei wird der primäre Antrieb ausschließlich in seinem Bestpunkt (z. B. bezogen auf den Verbrauch) betrieben. Drehzahländerungen am Abtrieb müssen dann über ein stufenloses Getriebe gewährleistet werden, Momenten- bzw. Leistungsabweichung über den sekundären Antrieb. Zeitanteile mit Leistungsanforderungen, die über der Leistungsabgabe des Verbrennungsmotors liegen, bestimmen die Größe des sekundären Speichers. Fällt die Leistungsanforderung über eine längere Zeit unter die Leistungsabgabe im Bestpunkt, wird der Primärantrieb abgeschaltet.

Kennlinienbetrieb: Der Ein-Punkt-Betrieb kann, je nach Lastprofil, nur mit einem großen Speicher realisiert werden. Der Kennlinienbetrieb hingegen ist grundsätzlich ohne Speicher vorstellbar also auch in nicht hybridisierten Maschinen einsetzbar [47].

Beim Kennlinienbetrieb wird der primäre Antrieb nicht in seinem gesamten (Drehmoment-Drehzahl-)Kennfeld betrieben, sondern nur auf einer Linie in diesem Feld. Die Linie stellt die Verbindung der optimalen Betriebspunkte unter Variation des Parameters Leistung dar. „Optimal" kann in Bezug auf Kraftstoffverbrauch oder Emissionen gemeint sein. Die Leistung, welche die Maschine momentan abfordert, wird folglich immer im bestmöglichen Betriebszustand des primären Antriebs erzeugt. Ein Beispiel für ein Verbrennungsmotorkennfeld mit der Linie geringsten spezifischen Verbrauchs ist in Abb. 2.3 dargestellt. Betrachtet man beispielsweise einen vollhydrostatischen Fahrantrieb, ist es sinnvoll, die Kennfelder der Hydrostaten mit dem des Verbrennungsmotors zu überlagern und in diesem überlagerten Kennfeld die Kennlinie zu definieren. Dieser Ansatz wird bei der „Best Point Control" genannten Strategie verfolgt [80]. Zu beachten ist beim Kennlinienbetrieb, dass die Vorgabe des Maschinenführers – die Gaspedalstellung – nicht mehr konventionell interpretiert werden kann. Konventionell bedeutet bei den meisten mobilen Arbeitsmaschinen, dass der Gaspedalstellung α_{gas} eine Drehzahl des Verbrennungsmotors zugeordnet wird, die dann über einen All-Drehzahlregler eingeregelt wird. Beim Kennlinienbetrieb muss dem Verbrennungsmotor ein Leistungssignal vorgegeben werden, das durch die hinterlegte Kennlinie eindeutig in Drehzahl und Drehmoment aufgespalten werden kann. Abtriebsseitige Lastsprünge führen bei konventioneller Motorregelung zum Ansteigen des Verbrennungsmotordrehmomentes unter Beibehaltung der Drehzahl (Alldrehzahlregler). Beim Kennlinienbetrieb hingegen muss sich die Drehzahl ändern, um ein höheres Moment bereitzustellen. Diese Regelung muss mit der Getriebeverstellung synchronisiert und an die Dynamik der Lastsprünge angepasst sein.

Phlegmatisierter Kennlinienbetrieb: Der oben beschriebene Kennlinienbetrieb funktioniert zuverlässig nur mit einer schnellen Regelung. Ist die Dynamik der abtriebsseitigen Lastsprünge höher als die des Verbrennungsmotors und des Getriebes, funktioniert dieser Betrieb nicht. Über den sekundären Antrieb kann jedoch bei Bedarf eine Drehmomentenreserve aktiviert werden, sodass die Summe aus primärem und sekundärem Antrieb die dynamischen Lastanforderungen erfüllt und dennoch die Kennlinie des Verbrennungsmotors nicht verlassen wird. Diese Strategie wird als phlegmatisierter Kennlinienbetrieb bezeichnet.

2.6. Vorgehensmodelle und Methodiken

Für das strukturierte Vorgehen bei der Entwicklung eines Produktes gibt es viele Begriffe: Entwicklungsprozess, Vorgehensmodell, Work-Flow, Methodik etc. Trotz vorhandener Definitionen verbinden sich mit diesen Begriffen individuelle Vorstellungen, die mitunter weit voneinander abweichen können. Im Rahmen der vorliegenden Arbeit sollen lediglich zwei dieser Begriffe verwendet werden, die entsprechend der nachstehenden Definitionen verstanden sein sollen.

- Ein *Vorgehensmodell* beschreibt, was zu tun ist, also welche Schritte bei einer Produktentwicklung zu bearbeiten sind [45].

- Eine *Methodik* ist „eine planmäßige Verfahrensweise zur Erreichung eines bestimmten Ziels nach einem Vorgehensplan unter Einschluss von Strategien, Methoden, Werkzeugen und Hilfsmitteln" [20].

Das Vorgehensmodell beschreibt also, was zu tun ist und in welcher Reihenfolge. Die Methodik sagt darüber hinaus, wie es zu tun ist, also unter Zuhilfenahme welcher Instrumente.

Aus der Vielzahl der verfügbaren Vorgehensmodelle und Methodiken sollen hier exemplarisch drei dargestellt werden. Dabei handelt es sich ausschließlich um sog. Makrologiken [12].

VDI-Richtlinie 2221: „Methodik zum Entwickeln und Konstruieren technischer Systeme und Produkte" In dieser Richtlinie wird ein Vorgehen[8] vorgestellt, dass den Entwicklungs- und Konstruktionsprozess als sequentielle Abfolge einzelner Schritte beschreibt. Sie bezieht sich auf mechanische bzw. maschinenbauliche Produkte. Hierbei bilden bestimmte Dokumente den Abschluss eines jeweiligen Schrittes (z. B. Anforderungslisten, prinzipielle Lösungen, Vorentwürfe oder die Produktdokumentation). Trotz der sequentiellen Darstellung ist explizit die Möglichkeit der Iteration genannt. Das Vorgehen beginnt mit dem Klären und Präzisieren der Aufgabenstellung und endet mit dem Ausarbeiten der Ausführungs- und Nutzungsangaben [60].

---

[8]Nach obiger Definition handelt es sich bei dieser Richtlinie nicht wie im Titel angekündigt um eine Methodik, sondern um ein Vorgehen, da Werkzeuge, Hilfsmittel etc. nicht gegeben werden.

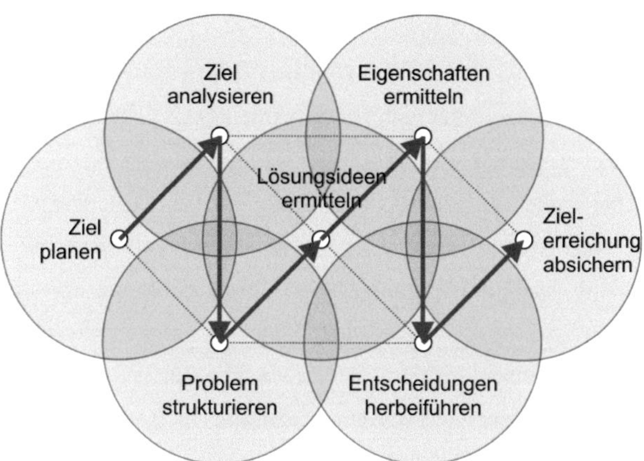

Abb. 2.6.: Münchener Vorgehensmodell (Pfeile zeigen das Standardvorgehen) nach [45]

VDI-Richtlinie 2206: "Entwicklungsmethodik für mechatronische Systeme" Die VDI-Richtlinie 2206 adressiert speziell die Entwicklung mechatronischer Systeme, indem sie auf das Zusammenspiel maschinenbaulicher, elektrotechnischer und informationstechnischer Entwicklungen eingeht. Das Vorgehen[8] sieht vor, dass das Gesamtsystem im Entwurf von der groben Ebene bis auf die feine Ebene herunter spezifiziert wird. Anschließend folgt der domänenspezifische Entwurf und aufsteigend in den Ebenen folgt die Systemintegration hin zum Produkt. Dieses Vorgehen ist als V-Modell bekannt, welches als sequentiell beschrieben werden kann. Wiederum werden explizit Iterationen vorgeschlagen [62].

Münchener Vorgehensmodell Im Gegensatz zu den beiden vorgenannten Vorgehensmodellen gibt das Münchener Vorgehensmodell keine sequentielle Schrittfolge vor, was sich besonders in seiner graphischen Repräsentation zeigt (siehe Abb. 2.6). Die Schritte Ziel planen, Ziel analysieren, Problem strukturieren, Lösungsideen ermitteln, Eigenschaften ermitteln, Entscheidungen herbeiführen und Zielerreichung absichern werden zwar als „Standardvorgehen" in eben dieser Reihenfolge genannt. Jede andere Reihenfolge ist jedoch möglich, wobei einzelne Schritte mehrfach oder auch gar nicht auftauchen können. Neben der Iteration wird vor allem auch die Rekursivität der Methode betont. D.h. jeder einzelne Schritt kann wiederum durch einen eigenen Pfad im Modell bearbeitet werden [45].

Den vorgestellten Vorgehensmodellen/Methodiken ist ihr allgemeiner Ansatz gemein. Sie lassen sich auf Entwicklungs- und Konstruktionsaufgaben unterschiedlichster Art anwenden, lassen viel Interpretationsspielraum und können – durch Iterationen und Rekursionen – beliebig variiert werden. Damit werden sie dem Ziel der Anwendbarkeit auf ein möglichst breites Aufgabenspektrum gerecht. Die Allgemeingültigkeit steht im Kontrast zum Spezifischen. Tritt eine spezielle Art von Aufgaben, die einer Kategorie zuordenbar sind, häufiger auf, kann es sich lohnen, dafür eine spezifische Methodik bereitzustellen und anzuwenden. Eine solche Methodik muss die Eigenheiten des behandelten Gegenstandes kennen und darauf eingehen. Die Bearbeitung bekannter Problemstellen muss gesondert unterstützt werden, spezifische Werkzeuge müssen bereitgestellt werden. Eine solche Methodik wurde im Rahmen der vorliegenden Arbeit entwickelt. Sie zielt auf das spezifische Problem der Hybridantriebsstrang-Entwicklung für mobile Arbeitsmaschinen ab. Dabei zeigen sich in Teilen Ähnlichkeiten zu den oben aufgezählten Vorgehensmodellen/Methodiken, aber auch Abweichungen. Die Methodik wird im folgenden Kapitel dargestellt.

3. Methodik in sieben Schritten

In diesem Kapitel wird eine Methodik vorgestellt, die das Vorgehen bei der Entwicklung von Hybridantrieben für mobile Arbeitsmaschinen strukturiert und unterstützt. Die gesamte Methodik wird zunächst in knappen Worten erläutert, anschließend werden die einzelnen Schritte der Methodik in den Unterkapiteln 3.2 bis 3.9 detailliert beschrieben. Zu den jeweiligen Schritten werden unterstützende Werkzeuge bereitgestellt, die ebenfalls in den Unterkapiteln erläutert werden.

Die vorgestellte Methodik besteht aus sieben Hauptschritten, die in der Regel sequentiell bearbeitet werden, jedoch werden Iterationsschleifen explizit vorgeschlagen. Neben den sieben Schritten gibt es einen parallelen Zweig zur Betriebsstrategie-Entwicklung sowie ein permanent gepflegtes Zielsystem. Eine grafische Repräsentation der Methodik zeigt Abb. 3.1. Die zugehörigen unterstützenden Werkzeuge sind in Abb. 3.2 grafisch dargestellt. Es folgt eine Übersicht der Elemente der Methodik:

1. Definieren der Ziele

   Ausgangslage der Methodik ist eine ausgewählte Maschine, die hybridisiert werden soll. Zu Beginn jeder Entwicklung ist zu klären, welche Ziele erreicht werden sollen. An hybride Antriebe im Allgemeinen sind viele Erwartungen geknüpft. Es ist festzulegen, welche der Erwartungen das entwickelte Produkt abschließend erfüllen soll. In der Regel wird eine Senkung des Kraftstoffverbrauchs angestrebt. Aber auch Geräuschreduktion, Leistungssteigerung etc. können solche Ziele sein. An dieser Stelle soll betont werden, dass die Formulierung der Ziele auf einer prüfbaren, aber abstrakten bzw. nicht quantifizierbaren Ebene bleiben sollen. Die gefundenen Ziele bilden die Grundlage des Zielsystems. Im Durchlaufen der Methodik sind diese bzw. das gesamte Zielsystem regelmäßig auf ihre/seine Gültigkeit und ihre/seine Erfüllbarkeit zu prüfen.

2. Analyse der Maschine

   Im zweiten Schritt wird die Maschine hinsichtlich ihrer Belastungen im Einsatz,

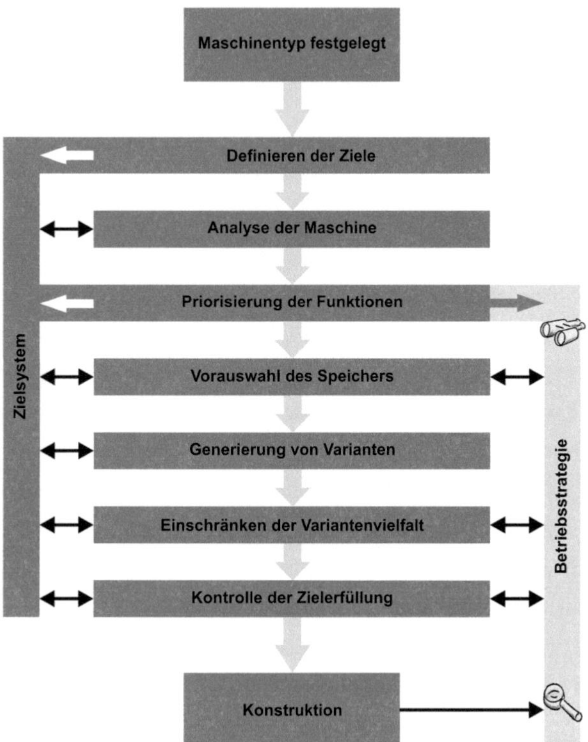

Abb. 3.1.: Grafische Darstellung der Methodik

der erwarteten Umgebungsbedingungen und auch ihrer baulichen Struktur untersucht. Die Kenntnis von auftretenden Zugkräften, Geschwindigkeiten, Wegen sowie Verbrennungsmotordrehzahlen, Kraftstoffverbräuche etc. ist notwendig, um
Abschätzungen über das Potential bestimmter Technologien machen zu können.
Leistungs-Zeitverläufe geben beispielsweise Auskunft über das Rekuperationspotential; Betriebspunktverteilungen über Nutzbarkeit des Rightsizings. Die Umgebungsbedingungen, mit denen die Maschine im Betrieb konfrontiert wird, stellen
Randbedingungen für die spätere Komponentenauswahl und die Betriebsstrategieentwicklung dar. Die bauliche Struktur der Maschine – und besonders deren mögliche Änderbarkeit – ist ebenfalls für den weiteren Entwicklungsprozess von großer

Bedeutung, da ein hybrider Antriebsstrang auch diesen (geometrischen) Randbedingungen genügen muss.

3. Priorisierung der Funktionen

Insgesamt lassen sich viele Funktionen mit einem Hybridantrieb erzielen. Rekuperation ist wahrscheinlich die bekannteste. Eine umfangreiche Darstellung möglicher Funktionen gibt Kapitel 2.3. Anhand der vorher definierten Ziele und der analysierten Belastungen der Maschine erfolgt in diesem Schritt eine Priorisierung der Funktionen nach Muss-, Soll- und Soll-nicht-Funktionen. Die Priorisierung der Funktionen ist im Durchlaufen der Methodik regelmäßig auf ihre Gültigkeit und ihre Erfüllbarkeit zu prüfen.

4. Vorauswahl des Speichers

Aufbauend auf der Prioritätenliste des vorangegangenen Schrittes erfolgt an dieser Stelle die Vorauswahl des Speichers, der als Schlüsselkomponente den Antriebsstrang maßgeblich prägt. Hierzu stehen Hilfsmittel wie Ragone-Diagramme (Abb. 3.6) zur Verfügung. Aber auch das Alterungsverhalten und verschiedene weitere Eigenschaften müssen berücksichtigt werden.

5. Generierung von Varianten

Mittels klassischer Kreativitätsmethoden folgt auf die Speichervorauswahl der Entwurf verschiedener Antriebsstrangarchitekturen. Zur Unterstützung liegen auch für diesen Schritt Werkzeuge bereit, die untenstehend erläutert werden. Beispielhaft sei hier die Analyse bestehender Systeme genannt.

6. Einschränken der Variantenvielfalt

Die im vorherigen Schritt generierte Variantenmenge wird anhand spezifischer Kriterien reduziert. Es bleiben einige wenige Antriebsstrangarchitekturen übrig, die im Weiteren mittels Simulation verglichen und bewertet werden. In der Simulation werden die Bedingungen, wie sie im zweiten Schritt der Methodik ermittelt wurden, als Belastungen auf die Antriebsstrangentwürfe angewendet. Die Betrachtung kritischer Situationen oder des Kraftstoffverbrauchs geben Auskunft über die Eignung der jeweiligen Architektur. Die finale Bewertung erfolgt anhand der vorher festgelegten Ziele im nächsten Schritt.

7. Kontrolle der Zielerfüllung

   Das Vorgehen wird abgeschlossen mit einem finalen Abgleich der erzeugten Ergebnisse mit dem Zielsystem. Es folgt die Konstruktion des Antriebsstranges.

8. Zielsystem

   Das Zielsystem beinhaltet alle Festlegungen, Randbedingungen, Priorisierungen, Ausschließungen etc., die im Laufe des Entwicklungsprozesses getroffen oder identifiziert werden. Das Zielsystem befindet sich während des gesamten Entwicklungsprozesses in Veränderung, indem es stetig neue Informationen aufnimmt. Eine Rückwirkung des Zielsystems auf die einzelnen Schritte besteht einerseits dadurch, dass es als „Nachschlagewerk" für die am Prozess beteiligten Personen dient. Andererseits werden in ihm eventuell auftretende Konflikte von Randbedingungen, Zielen etc. ersichtlich, wodurch ebenfalls auf den Entwicklungsprozess rückgewirkt wird.

9. Betriebsstrategie

   Die Betriebsstrategie wird vom Groben ins Feine entwickelt. Dieser Prozess läuft parallel zum restlichen Entwicklungsprozess ab. Festlegungen bei der Entstehung und Detaillierung der Betriebsstrategie beeinflussen in unterschiedlichem Maße einige der sieben Entwicklungsschritte, ebenso beeinflussen diese die Betriebsstrategieentwicklung. Da die konkrete Ausgestaltung der detaillierten Betriebsstrategie wesentlich von den tatsächlich verwendeten Komponenten und der konstruktiven Gestaltung des Hybridantriebs abhängt, endet die Betriebsstrategieentwicklung erst mit dem Abschluss der Konstruktion. Darüber hinaus ist eine Anpassung von z. B. Parametern der Betriebsstrategie auch bei der Inbetriebnahme der hybridisierten Maschine zu erwarten.

Es folgt eine detaillierte Beschreibung der einzelnen Schritte mit den jeweiligen Werkzeugen. Diese sind zur Übersicht in Abb. 3.2 dargestellt.

3.1. Ausgangssituation

Bei der Entwicklung eines hybriden Antriebsstranges wird für die vorliegende Methodik davon ausgegangen, dass die zu hybridisierende Maschine bereits bestimmt ist. Ist die zu hybridisierende Maschine noch nicht ausgewählt, findet der Auswahlprozess in einem

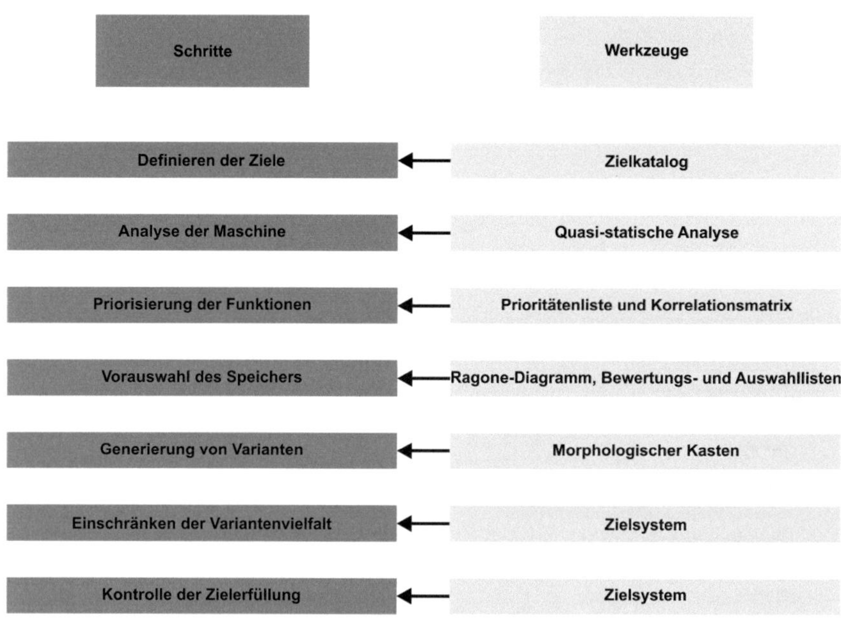

Abb. 3.2.: Unterstützende Werkzeuge der Methodik

vorgelagerten Prozess zu der hier vorgestellten Methodik statt. Im Produktlebenszyklus nach [60] entspricht dies der Produktplanung/Aufgabenstellung, nach [45] handelt es sich dabei um das „Anforderungsmodell".

Ist die zu hybridisierende Maschine ausgewählt, soll anschließend der optimale Antriebsstrang ausgewählt werden. Dies entspricht nach [45] der Konkretisierungsebene „Funktionsmodell". Im Produktlebenszyklus nach [60] entspricht dies der Entwicklung/Konstruktion. An dieser Stelle setzt die hier beschriebene Methodik an.

3.2. Schritt 1: Definieren der Ziele

Hybridantriebe erzeugen in der Regel einen Kundennutzen, indem sie den Kraftstoffverbrauch reduzieren. Global betrachtet ist dies positiv in Bezug auf den Klimawandel. Aus Sicht des einzelnen Kunden ist dies positiv, da sich die Betriebskosten mit den Kraftstoffkosten senken.

Neben der Kraftstoffeinsparung durch einen Hybridantrieb können jedoch noch viele weitere Ziele mit einem solchen Antrieb verfolgt werden, die wichtigsten sind in Tab. 3.1 zusammengestellt. Darüber hinaus können in individuellen Fällen auch spezielle weitere Ziele gelten. Im Rahmen der Entwicklung eines Hybridantriebs für eine mo-

Tab. 3.1.: Ziele hybrider Antriebe

Ziel	Bemerkung
Kraftstoffersparnis	
Emissionsreduktion	Stofflich und akustisch
Emissionsfreiheit	Lokal
Imagegewinn	
Technologieführerschaft	
Produktivitätssteigerung	
Verändern der Emissionsklassifizierung	Durch Rightsizing
Zusätzliche Funktionalitäten	
Erhöhter Fahrkomfort	Z. B. spontaneres Ansprechen
Erhöhte Lebensdauer	Z. B. Bremsen
Brückentechnologie	Zu weiteren alternativen Antrieben
Erfüllen gesetzlicher Vorgaben	

bile Arbeitsmaschine gilt es an erster Stelle zu klären, welche der genannten Ziele zu erfüllen sind. Wobei hier eine Einteilung in Muss-, Soll, und Soll-nicht-Ziele sinnvoll ist. Diese Auswahl stellt die Basis des Zielsystems dar. Die Auswahl kann durch Kunden, Marketing, die Geschäftsführung oder gesetzgeberische Aktivitäten teilweise oder vollständig fremdbestimmt sein. Solche Fremdvorgaben sollten jedoch anhand von Tab. 3.1 geprüft und gegebenenfalls ergänzt oder auch kritisiert werden. Das Zustandekommen der Zielauswahl bzw. die Begründung der Auswahl für oder gegen bestimmte Ziele ist als Teil des Zielsystems zu dokumentieren.

3.3. Schritt 2: Analyse der Maschine

Wesentlich ist hier einerseits die Analyse der Fahr- und Arbeitszyklen. Aber auch die geometrischen ebenso wie andere konstruktive Randbedingungen sind zu beachten. Dazu zählen Temperaturbereiche, in denen die Maschine betrieben wird, zu erwartenden mechanische Belastungen, insbesondere Erschütterungen, die bei mobilen Arbeitsmaschinen Beschleunigungen im Bereich über $100m/s^2$ hervorrufen [24]. Die Analyse der Fahr- und Arbeitszyklen beginnt mit einem Screening der verfügbaren Daten. Dabei lassen sich unterschiedliche Arten und Detaillierungen von Informationen klassifizieren, siehe Tab. 3.2. Verbale Beschreibungen über den Maschineneinsatz stehen immer zur

Tab. 3.2.: Arten von Fahr- und Arbeitszyklusinformationen

Art der Information	Bemerkung
Verbale Beschreibung	Z. B. durch Maschinenführer
Einfache Messdaten	Informationen aus dem Tachometer und anderen Bordinstrumenten sowie Videoaufnahmen, Messungen mit Stoppuhren etc.
Daten aus Steuergeräten	Z. B. Betriebspunkthäufigkeiten
Messdaten von Versuchsfahrzeugen	
Normierte und standardisierte Zyklen	Z. B. Staplerzyklus [61], Radladerzyklus [17] DLG PowerMix [16]
Daten aus Simulationen	Z. B. zur Ergänzung gemessener Daten um schwer messbare Größen

Verfügung.[1] Informationen, die daraus gezogen werden können, sind z. B. die Häufigkeit von Anfahr- und Bremsvorgängen, Beschaffenheit des Untergrundes und des Geländes, Gleichzeitigkeitsgrad unterschiedlicher Fahr- und Arbeitsbewegungen, Tages- und Jahresauslastung der Maschine, Kraftstoffverbrauch etc. Einfache Messdaten, Daten aus Steuergeräten sowie Messdaten aus Versuchsfahrzeugen liegen bei den Maschinenherstellern in der Regel vor oder können bei Bedarf erzeugt werden. Normierte oder sogar standardisierte Zyklen und daraus ableitbare Maschinenbelastungen sind hingegen sehr selten. Umfassende Simulationen werden nur von wenigen Maschinenherstellern durchgeführt. Dementsprechend sind auch Daten aus Simulationen selten.

Unabhängig von der Art der vorliegenden Daten lassen sich aus ihnen bestimmte Aussagen ableiten. Je präziser die Daten sind, desto verlässlicher ist die Aussage. Die Kenntnis über Häufigkeit und Stärke von Beschleunigungen und Verzögerungen, kombiniert mit dem Wissen über die Bodenbeschaffenheit und damit über Rollwiderstände, lassen Aussagen über mögliche Rekuperation zu (siehe Abb. 2.2). Das Wissen über die

---

[1]Nur in dem äußerst seltenen Fall der Entwicklung einer neuen Maschinenart kann selbst diese Information fehlen.

Betriebspunktverteilung des Verbrennungsmotors lässt es zu, Abschätzungen über den Nutzen von Betriebspunktverschiebungen (siehe Abb. 3.3) zu treffen. Und die Kenntnis des Leistungsverlaufs ermöglicht das Abschätzen des Potentials für das Rightsizing (siehe Abb. 3.4). Die Betrachtung der Leerlaufphasen gibt Aufschluss über den Nutzen einer Start-Stopp-Funktion (siehe Abb. 3.5). Ebenso lässt die Betrachtung des Leistungsver-

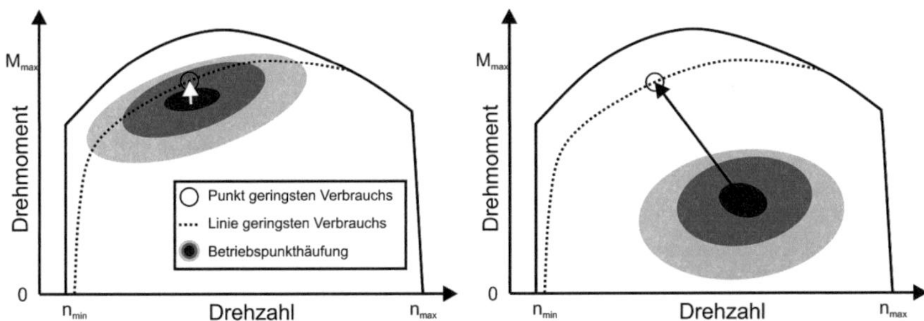

Abb. 3.3.: Potential für Betriebspunktverschiebung (links: gering, rechts: hoch)

laufs über die Zeit Aussagen über notwendiges Energie- und Leistungsvermögen des sekundären Speichers zu (siehe Abb. 3.4). Wird ein Verbraucher im Antriebsstrang

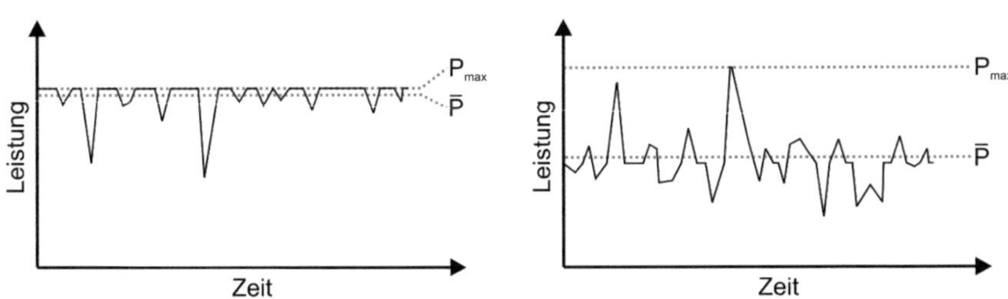

Abb. 3.4.: Potential für Rightsizing im Leistungsverlauf (links: gering, rechts: hoch)

abgebremst und ein anderer zur gleichen Zeit beschleunigt, so kann die freiwerdende Bremsenergie direkt zur Beschleunigung des anderen Verbrauchers verwendet werden (Regeneration). Es ist allerdings zu beachten, dass ein geregeltes Abbremsen bei manchen Verbrauchern prinzipbedingt einen wesentlichen Anteil der mechanischen Energie

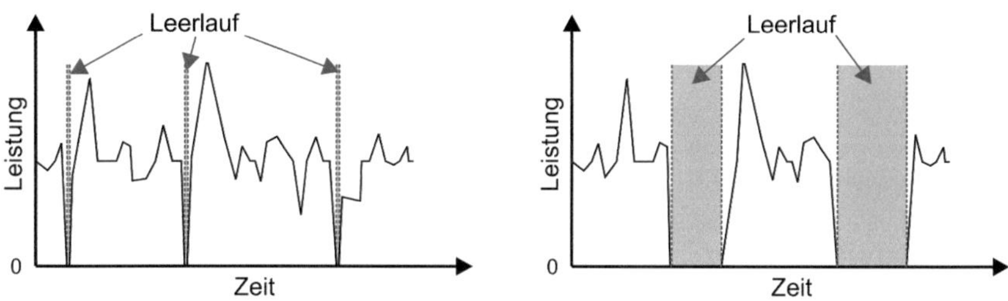

Abb. 3.5.: Potential einer Start-Stopp-Funktion (links: gering, rechts: hoch)

in Wärme umsetzt; so zum Beispiel bei Hydraulikzylindern. Die Abbildungen 3.3 bis 3.5 sind synthetisch und haben lediglich Beispielcharakter.

Die Analyse der Maschine ist eng verknüpft mit dem folgenden Schritt, der Priorisierung der Funktionen. Es ist daher angeraten, diese beiden Schritte in Iterationsschleifen zu bearbeiten, um Wechselwirkungen zu berücksichtigen.

3.4. Schritt 3: Priorisierung der Funktionen

Eine inhaltliche Beschreibung der wichtigsten Funktionen ist bereits in Kap. 2.3 gegeben worden. In Tab. 3.3 sind diese zur Übersicht dargestellt. Nach der ersten Analyse der Maschine, wird damit begonnen, die möglichen Funktionen zu priorisieren. Aus der Maschinenanalyse ist hervorgegangen, wo Potentiale liegen und welche Randbedingungen einzuhalten sind. Anhand dieser Erkenntnisse und in Abgleich mit den zuvor definierten Zielen wird die Liste der Funktionen (Tab. 3.3) Punkt für Punkt durchgegangen und die Einteilung in Muss-, Soll und Soll-nicht vorgenommen. Ist es nicht möglich, zum aktuellen Zeitpunkt eine Entscheidung zu treffen, wird die entsprechende Funktion mit „eventuell" gekennzeichnet und zu einem späteren Zeitpunkt erneut geprüft. Für den Abgleich mit den Zielen, steht als Werkzeug die Korrelationsmatrix aus Tab. 3.4 zur Verfügung. In dieser Matrix ist dargestellt, wie die Funktionen mit den Zielen zusammenhängen. Eine 1 bedeutet, dass die Funktion definitiv zur Erfüllung des Ziels beiträgt. Eine -1 bedeutet, dass die Funktion dem Ziel entgegenwirkt. Eine 0 bedeutet, dass kein eindeutiger Zusammenhang besteht. Aus der ausgefüllten Matrix ist abzulesen, welche Funktionen die Erfüllung der Ziele gewährleisten und welche sie verhindern. Die dargestellte Matrix ist mit Beispielwerten gefüllt, die nach Meinung des Autors für verschiedene Anwendungen allgemeingültig sind. Jedoch sollen die Werte für jeden Anwendungsfall kritisch

Tab. 3.3.: Funktionen hybrider Antriebe

Funktion	Bemerkung
Rekuperation	Aus Fahr- und Arbeitsantrieben
Regeneration	
Verschleißfreies Bremsen	
Leerlaufabschaltung	Bzw. Start-Stopp-Betrieb
Fremdstart der VKM	
Betriebspunktverschiebung	
Phlegmatisierung	
Rightsizing	
Downsizing	
Entkoppeln von Nebenverbrauchern	
Boost	Hybrid-Boost, passiver B., Turbo-B.
Segeln	
Genset-Betrieb	Mobile Stromerzeugung
Unterstützung von Schaltvorgängen	

geprüft und gegebenenfalls angepasst werden. Besonders die Spalten „Technologieführerschaft" und „Imagegewinn" sind individuell zu bewerten. Außerdem ist das „Erfüllen gesetzlicher Vorgaben" einem permanenten Wandel entsprechend der aktuellen gesetzgeberischen Entwicklungen unterworfen. Ebenso ist die Matrix in ihrer Spalten- und Zeilenzahl den aktuellen Bedürfnissen anzupassen.

Anhand der Priorisierung der Funktionen werden erneut die Analyseergebnisse des vorangegangenen Schrittes beurteilt und gegebenenfalls die Priorisierung korrigiert. Dies kann in mehreren Iterationsschleifen geschehen. Nach der letzten Iteration wird die priorisierte Funktionenliste dem Zielsystem hinzugefügt.

3.5. Schritt 4: Vorauswahl des Speichers

Der Speicher ist die Schlüsselkomponente eines Hybridantriebes. Seine Eigenschaften limitieren den Funktionsumfang und das Leistungsvermögen des Antriebes. Die wichtigsten charakteristischen Größen des Speichers sind die spezifische Energie (volumetrisch/gravimetrisch), die spezifische Leistung (volumetrisch/gravimetrisch) und die spezifischen Kosten (leistungs- und energiebezogen). Bei den Kosten ist jedoch zu beachten, dass unterschiedliche Speichertechnologien unterschiedliche Lebensdauern erwarten lassen. Es ist also unbedingt notwendig, die Kosten anhand der betrachteten Lebens-

Tab. 3.4.: Korrelationsmatrix Ziele/Funktionen mit Beispieleinträgen

Funktionen	Kraftstoffersparnis	Emissionsreduktion	Emissionsfreiheit	Imagegewinn	Technologieführerschaft	Produktivitätssteigerung	Verändern der Emissionsklassifizierung	Zusätzliche Funktionalitäten	Erhöhter Fahrkomfort	Erhöhte Lebensdauer	Brückentechnologie	Erfüllen gesetzlicher Vorgaben
Rekuperation	1	1	0	0	0	0	0	1	0	1	0	0
Regeneration	1	1	0	0	0	0	0	1	0	1	0	0
Verschleißfreies Bremsen	0	0	1	0	0	1	0	1	0	1	0	0
Leerlaufabschaltung	1	1	1	0	0	0	0	1	0	0	0	0
Emissionsfreier Betrieb	0	1	1	0	0	0	1	1	1	0	0	0
Fremdstart der VKM	0	0	0	0	0	0	0	1	0	0	0	0
Betriebspunktverschiebung	1	1	0	0	0	0	1	0	0	0	0	0
Phlegmatisierung	1	1	0	0	0	0	1	0	1	0	0	0
Rightsizing	1	1	0	0	0	0	1	0	0	0	0	0
Downsizing	1	1	0	0	0	0	0	0	0	0	0	0
Entkoppeln von Nebenverbrauchern	1	1	1	0	0	0	0	1	1	0	0	0
Boost	0	0	0	0	0	1	0	0	1	0	0	0
Segeln	1	1	1	0	0	0	1	0	-1	0	0	0
GenSet-Betrieb	-1	0	-1	0	0	1	0	1	0	0	0	0
Unterstützung von Schaltvorgängen	0	0	0	0	0	1	0	1	1	0	0	0

dauer der Maschine zu berechnen. Daneben gibt es eine Vielzahl weiterer Eigenschaften, die teilweise implizit in den oben genannten mitwirken. Eine Liste dieser Eigenschaften gibt Tab. 3.5 wieder. Die Analyse der Maschine und die Priorisierung der Effekte beeinflussen ihrerseits die Wichtigkeit der genannten Speichereigenschaften. Für den individuellen Fall müssen folglich alle genannten Kriterien, wenn möglich, quantifiziert, ansonsten qualitativ beurteilt, werden. Die wichtigen Eigenschaften Energie- und Leistungsdichte lassen sich an dieser Stelle nicht quantifizieren. Stattdessen kann anhand Tab. 3.6 deren Wichtigkeit in Abhängigkeit der priorisierten Funktionen bestimmt wer-

Tab. 3.5.: Bewertungskriterien

Kriterium	Bemerkung
Energiedichte	Volumetrisch/gravimetrisch
Leistungsdichte	Volumetrisch/gravimetrisch
Kosten	Anschaffung/Ersatz/Entsorgung/…
Geometrische Gestaltungsfreiheit	Packaging
Freiheit bei der Platzierung	Z. B. Distanz zu Hitzequellen
Alterung	Kalendarisch/zyklisch
Temperaturabhängigkeit	Ggf. Kühlungsbedarf
Sockelladung	Im Betrieb nicht nutzbare gespeicherte Energie
Selbstentladung	
Wirkungsgrad	
Dynamisches Verhalten	
Wartungsbedarf	
Überwachungsbedarf	
Hilfsenergiebedarf	Zur Überwachung/Kühlung/…
LifeCycle-Betrachtung	
Stoffliche Emissionen	
Akustische Emissionen	
Unfallverhalten	
Mechanische Belastbarkeit	Schock/Vibration

den. Die so zusammengetragenen qualitativen und quantitativen Eigenschaften lassen sich als Anforderungsliste dem Zielsystem hinzufügen. Für die Vorauswahl des Speichers wird dann das Ragone-Diagramm[2] herangezogen (Siehe Abb. 3.6) [86]. Dem Diagramm liegen aktuelle Speicher zu Grunde, wobei sich diese nicht auf Zellen, sondern auf Module beziehen. D.h. Gehäuse, Halterungen, Sicherheitsorgane etc. sind berücksichtigt (siehe Anhang A). Es vermittelt einen Überblick über Leistungs- und Energiedichte aktueller am Markt verfügbarer Speicher. Es ist ersichtlich, dass die Speicher entweder eine hohe Leistungsdichte oder eine hohe Energiedichte aufweisen. Auch ist zu erkennen, dass die Energiedichten von Dieselöl oder Wasserstoff über zwei Größenordnungen oberhalb der energiedichtesten Speicher liegen. Ist aus den vorangegangenen Untersuchungen hervorgegangen, dass ein Speicher hoher Leistungsdichte von Nöten ist, sollten Hydrospeicher und Doppelschichtkondensatoren näher betrachtet werden. Ist hingegen die Energiedichte wichtiger, liegt eine Betrachtung der Batterien nahe (siehe Abb. 3.7). Wenn sowohl Energie als auch Leistung von gleich hoher Wichtigkeit sind,

---

[2]das auf D. V. RAGONE von der Carnegie-Mellon Universität zurückgeht [71].

Tab. 3.6.: Auswahlkriterien für Leistungs- bzw. Energiespeicher

Funktion	Anforderung an	
	Leistung	**Energie**
Rekuperation	Hoch	Gering
Regeneration	Keine	Keine
Verschleißfreies Bremsen	Hoch	Gering
Leerlaufabschaltung	Hoch	Gering
Emissionsfreier Betrieb	*	Hoch
Fremdstart VKM	*	Gering
Betriebspunktverschiebung	Keine	Keine
Phlegmatisierung	Hoch	Gering
Rightsizing	Hoch	Hoch
Downsizing	*	*
Entkoppeln von Nebenverbrauchern	*	*
Emissionsminderung	Keine	Keine
Hybridboost	Hoch	Gering
Passiver Boost	Keine	Keine
Turboboost	Keine	Keine
Segeln	Gering	*
Genset-Betrieb	Hoch	Keine
Unterstützung von Schaltvorgängen	Gering	Keine

* Keine allgemeine Aussage möglich

ist eine Kombination mehrerer Speicher notwendig. Die bis zu diesem Zeitpunkt zusammengestellten Anforderungen reichen aus, um eine Vorauswahl des Speichers zu treffen. Aus strategischen oder Marketinggründen kann die Lösungsmenge natürlich im Voraus eingeschränkt sein, dies kann jedoch bedeuten, dass technisch sinnvollere Lösungen bereits frühzeitig ausgeschlossen wurden.

3.6. Schritt 5: Generierung von Varianten

Zur Generierung von Varianten ist es sinnvoll, in einem ersten Schritt Hybridantriebsstrukturen aus bestehenden Maschinen zu analysieren. Für den Pkw-Bereich existieren einfache Schemata (vgl. [27, 25]), die hybride Antriebsstrukturen nach verschiedenen Merkmalen ordnen. Allerdings lassen diese sich nicht sinnvoll auf die weitaus komplexeren mobilen Arbeitsmaschinen mit ihren Arbeitsfunktionen und vielseitigen Antriebssträngen übertragen. Stattdessen wird ein geordneter morphologischer Kasten vor-

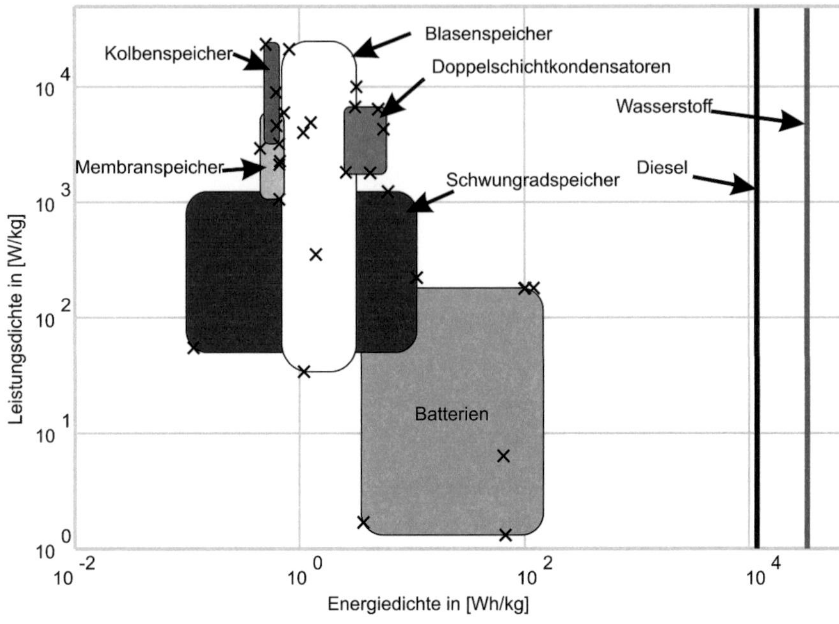

Abb. 3.6.: Ragone-Diagramm aktueller Speicher [86]

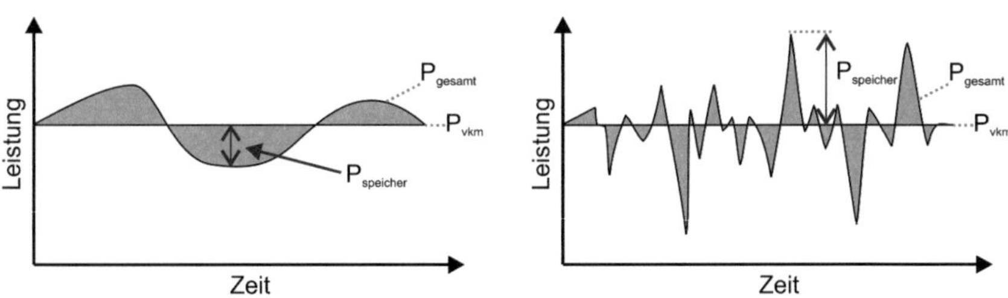

Abb. 3.7.: Bevorzugter Einsatz von Energiespeichern (links) und Leistungsspeichern (rechts)

geschlagen, der relevante Klassifizierungsmerkmale speziell für mobile Arbeitsmaschinen abbildet und strukturiert, siehe Abb. 3.8. Der morphologische Kasten bildet technisch relevante Teillösungen ab, ohne Anspruch auf Vollständigkeit zu erheben.

In einem zweiten Schritt können dann die bereits getroffenen Entscheidungen bzw. die relevanten Informationen aus dem Zielsystem als Fixpunkte in den Kasten eingetragen werden (Speicherart, Art der Arbeitsverbraucher...). Über klassische Kreativitätsmethoden und Mikrologiken können anhand der Fixpunkte und der Vergleichsantriebsstränge

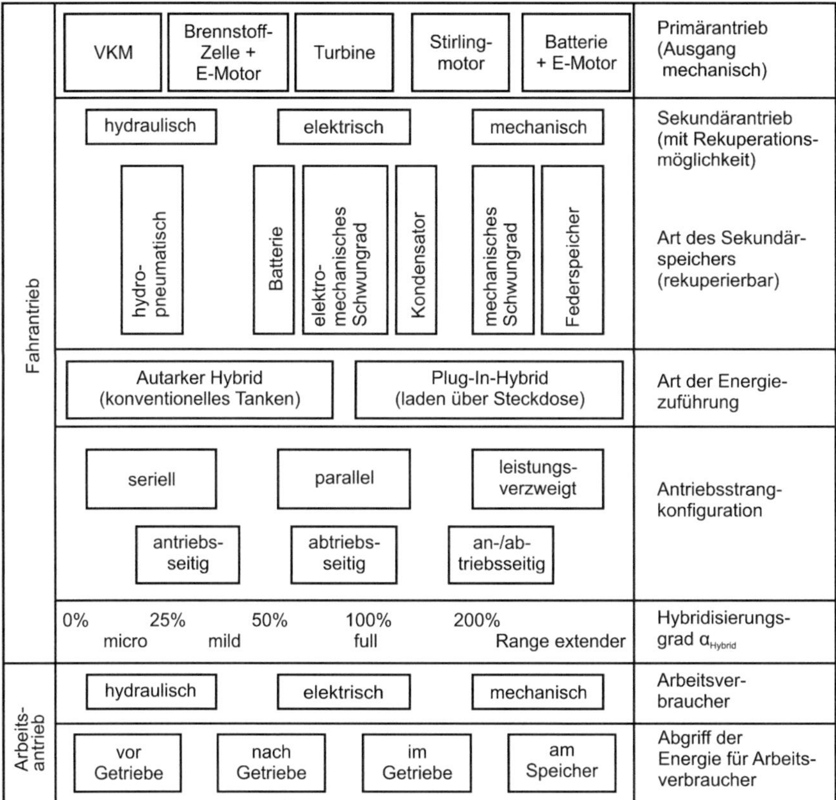

Abb. 3.8.: Morphologischer Kasten zur Analyse bestehender hybrider Antriebsstrangkonzepte

Varianten für den jeweils vorliegenden Fall generiert werden. Aus einem Pfad durch den Kasten, der eine Lösung darstellt, ist eine Prinzipskizze des Antriebsstranges abzuleiten. Anhand der im Zielsystem gesammelten Informationen können einzelne Elemente der Prinzipskizzen bereits (überschlägig) dimensioniert werden.

3.7. Schritt 6: Einschränken der Variantenvielfalt

Die gefundene Lösungsmenge muss im nun folgenden Schritt eingeschränkt werden. Dies erfolgt zweistufig: Erstens anhand vorab definierter Kriterien und zweitens mittels Simulation.

Bei den vorab definierten Kriterien handelt es sich um die Inhalte des Zielsystems und eventuell gesondert erfasste unternehmensstrategische Überlegungen (Know-how/Komponenten vorhanden, Einbindung von Zulieferern etc.). Außerdem muss geprüft werden, ob die notwendigen Komponenten (in der erforderlichen Dimensionierung) verfügbar sind bzw. verfügbar gemacht werden können. Ist dies nicht der Fall, kann, wenn möglich, eine Anpassung der Lösung erfolgen. Andernfalls wird die jeweilige Lösung verworfen. Das Anwenden der oben genannten Kriterien führt zur Verringerung der Lösungsmenge. Diese verringerte Menge wird mittels der im Zielsystem festgehaltenen Prioritäten priorisiert. Von den verbleibenden Lösungen werden im zweiten Schritt die potentialreichsten, also die höchstpriorisierten, per Simulation miteinander verglichen. Da der simulative Vergleich aufwendig ist, sollte eine möglichst geringe Anzahl von Lösungen in diesen Schritt übernommen werden.

Das Vergleichen von Antriebsstrangkonzepten auf struktureller Ebene ist grundsätzlich möglich. Auf Basis eines solchen Vergleichs Teilmengen des Lösungsraums auszuschließen, kann jedoch dazu führen, gute Lösungen vorzeitig auszublenden. Das Problem hierbei ist, dass die Dimensionierung eines Antriebsstrangs und die Auswahl der konkreten Komponenten einen größeren Einfluss haben können, als das Konzept selbst. So wird in [35] davon ausgegangen, dass in einem frühen Entwicklungsstadium nur vereinfachte Annahmen bezüglich der Verluste ausreichen müssen, erst in einem späten Stadium der Produktentwicklung stehen detaillierte Aussagen zur Verfügung, die einen präzisen Vergleich ermöglichen. Daraus lässt sich schlussfolgern, dass sehr detaillierte Modelle der Antriebsstränge in der Simulation vorliegen müssen. Wobei die Detaillierung besonders die Wirkungsgrade einzelner Komponenten betrifft und auch die Betriebsstrategie, die ebenfalls maßgeblich die Eigenschaften des Systems beeinflusst.

Einen Ausweg bietet das systematische Variieren von Parametern in den Simulationsmodellen. Werden Wirkungsgrade nicht über detaillierte Kennfelder abgebildet, sondern beispielsweise über Kennlinien oder Konstanten approximiert, liefert eine systematische Parametervariation dieser Kennlinien und Konstanten eine Aussage über den Einfluss des jeweiligen Wirkungsgrades. Die Detaillierung kann sich dann auf besonders einflussreiche Komponenten beschränken. Grundsätzlich gilt, dass die Varianten, die miteinander verglichen werden, eine möglichst ähnliche Detaillierung aufweisen müssen. Nach der Durchführung der Simulationen ist erneut zu prüfen, ob die untersuchten Varianten alle Anforderungen des Zielsystems erfüllen. Ist dies bei mehreren Varianten der Fall, erfolgt ein paarweiser Vergleich der Varianten bezüglich der zu Beginn festgelegten Ziele.

3.8. Schritt 7: Kontrolle der Zielerfüllung

Als finaler Schritt der vorgestellten Methodik folgt die Zielerfüllungskontrolle. Dies geschieht durch Abgleich der bestbewerteten Variante mit dem Zielsystem. Weiterhin ist an dieser Stelle eine erste Abschätzung der Wirtschaftlichkeit möglich.

3.9. Parallel: Betriebsstrategie

Begleitend zur Entwicklung der Antriebsstrangarchitektur in den genannten sieben Schritten, findet die Entwicklung der Betriebsstrategie statt. Auf Basis der priorisierten Funktionen kann eine erste Strategie auf Makro-Ebene formuliert werden. Diese wird detailliert und gegebenenfalls angepasst, nachdem die Vorauswahl des Speichers getroffen wurde. Das Einschränken der Variantenvielfalt und dabei insbesondere die Simulation helfen, die Betriebsstrategie weiter zu detaillieren und damit die integralen Mikrologiken zu erzeugen und einzubauen. Die Betriebsstrategie liefert während ihrer Entwicklung neue Informationen, die den Entwicklungsprozess der Antriebsstrangarchitektur beeinflussen und auch in das Zielsystem Eingang finden können.

4. Anwendung der Methodik am Beispiel einer Forstmaschine

In diesem Kapitel wird die oben dargestellte Methodik auf ein Beispiel angewandt. Dafür stehen Messdaten einer nicht hybridisierten Maschine zur Verfügung. Zwei Schwerpunkte bilden dabei der zweite und sechste Punkt der Methodik (Analyse der Maschine mit dem Teilaspekt Zyklenanalyse und Einschränken der Variantenvielfalt mit dem Teilaspekt Simulation). Bei der Maschinenanalyse findet eine quasi-statische, bei der Simulation eine dynamische Betrachtung der Maschine statt.

Die oben angesprochenen näher betrachteten Teilaspekte (Zyklenanalyse und Simulation) betten sich ein in das Vorgehen anhand der in Kap. 3 vorgestellten Methodik:

1. Definieren der Ziele

2. Analyse der Maschine

   - Ermitteln von Kraftstoff-Einsparpotential durch quasi-statische Berechnung

   - Betrachtung von drei Zyklen und vier Funktionen

3. Priorisieren der Funktionen

4. Vorauswahl des Speichers

5. Generierung von Varianten

6. Einschränken der Variantenvielfalt

   - Abbilden der konventionellen Maschine als Simulationsmodell

   - Verifikation des Modells anhand der Messdaten

   - Erweiterung des Modells um erzeugte Hybridantriebsvarianten

   - Durchführen dynamischer Simulationen

7. Kontrolle der Zielerfüllung

- Vergleich der Ergebnisse der quasi-statischen und der dynamischen Betrachtung

- Analysieren der Unterschiede

4.1. Maschinentyp

Bei dem untersuchten Fahrzeug handelt es sich um einen forstwirtschaftlichen Rückeschlepper (Skidder) mit $12t$ Einsatzgewicht, $130kW$ installierter Verbrennungsmotorleistung, einer Kranreichweite von $6,8m$ und einem Netto-Lastmoment des Krans von $82kNm$. Nach WEISE fällt die Maschine in die Skidder-Klasse 4, die im Arbeitseinsatz ca. $7\dots10l/h$ Dieselkraftstoff verbrauchen [90]. Die Maschine verfügt über einen vollhydrostatischen Fahrantrieb sowie über hydrostatisch angetriebene Arbeitsaggregate. Als Datenbasis für die folgenden Untersuchungen dienen Messschriebe der genannten Maschine aus dem Kundeneinsatz.

4.2. Schritt 1: Definieren der Ziele

Für den vorliegenden Fall eines Rückeschleppers werden aus der Auflistung aus Tab. 3.1 die beiden Ziele Kraftstoffersparnis und Produktivitätssteigerung ausgewählt. Verschärfte gesetzliche Vorgaben bezüglich der Emissionswerte speziell von Rückeschleppern und anderen Forstmaschinen sind aufgrund des sensiblen Ökosystems, das die Arbeitsumgebung dieser Maschinen darstellt, denkbar, jedoch derzeit nicht vorhanden. Emissionsreduktion wird daher nicht als eigenständiges Ziel ausgewählt. Durch eine Reduktion des Kraftstoffverbrauchs reduziert sich jedoch der CO_2-Ausstoß ebenfalls. Der Imagegewinn, der sich aus einer hybridisierten Forstmaschine für den Maschinenhersteller ergibt, wird nicht explizit als Ziel gewählt, ebenso eine eventuell damit verbundene Technologieführerschaft. Eine Reduktion des Bremsenverschleißes ist nicht zu erwarten, da auch der konventionell angetriebene Rückeschlepper vorwiegend hydrostatisch bremst und die mechanische Bremse kaum verwendet. Abschließend ist als Ziel die Beibehaltung der Grundstruktur der Maschine zu nennen.

4.3. Schritt 2: Analyse der Maschine

Aus den vorhandenen Messdaten der Maschine aus dem Kundeneinsatz werden drei repräsentative Abschnitte (im Folgenden: Zyklen) ausgewählt, die die drei Tätigkeiten

1. Überführungsfahrt im öffentlichen Straßenverkehr,

2. Kranrücken auf Waldwegen und

3. Seilrücken auf Waldwegen

wiedergeben.

Für die drei Zyklen sind die Betriebspunktverteilungen im Verbrennungsmotorkennfeld in Abb. 4.1 gezeigt. Die Geschwindigkeitsverläufe der Maschinen und die Leistungsverläufe des Verbrennungsmotors sind in Abb. 4.2 dargestellt. Für den Seilrückezyklus ist die Geschwindigkeit null, da bei dieser Arbeit keine Fahrbewegung auftrat. Die Darstellungen von Geschwindigkeit und Leistung sind normiert auf den im jeweiligen Zyklus auftretenden Höchstwerte.

4.3.1. Verbale Beschreibung des Maschineneinsatzes

Die drei ausgewählten Tätigkeiten (Überführungsfahrt im öffentlichen Straßenverkehr, Kranrücken auf Waldwegen und Seilrücken auf Waldwegen) bilden das Einsatzspektrum des Rückeschleppers ab. Alle drei Tätigkeiten unterscheiden sich deutlich sowohl in den Belastungen der Maschine als auch in deren Bedeutung für den Maschinenbetreiber. Überführungsfahrten sind notwendig, um die Maschine zu ihren Einsatzorten zu bringen, tragen jedoch nicht direkt zur Produktivität bei und werden daher weitestgehend vermieden. Arbeitet die Maschine mehrere Tage an einem Einsatzort, verbleibt diese auch über Nacht im Wald, der Bediener verwendet einen Pkw o. ä. zur An- und Abreise. Das Kranrücken stellt den produktivsten der drei Zyklen dar. Während sich die Maschine auf einem Maschinenweg oder einer Rückegasse im Wald bewegt, werden vorher gefällte Stämme durch den Kran der Maschine aus dem Bestand genommen und zum Maschinenweg bzw. zur Rückegasse bewegt, dort werden sie in die Klemmbank[1] gelegt oder im Greifer des Krans behalten. Sind Klemmbank und Greifer voll, werden die

---

[1] Die Klemmbank ist eine am Fahrzeugrahmen befestigte Einrichtung, zum Fixieren eines oder mehrerer Stämme für den Transport im Wald.

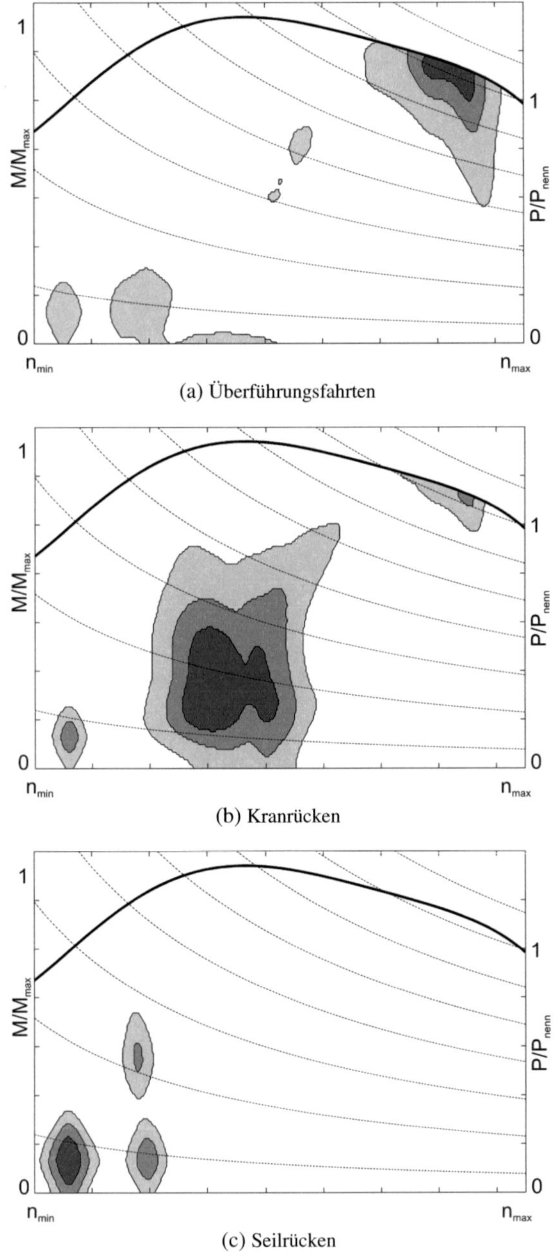

(a) Überführungsfahrten

(b) Kranrücken

(c) Seilrücken

Abb. 4.1.: Betriebspunktverteilung des Verbrennungsmotors

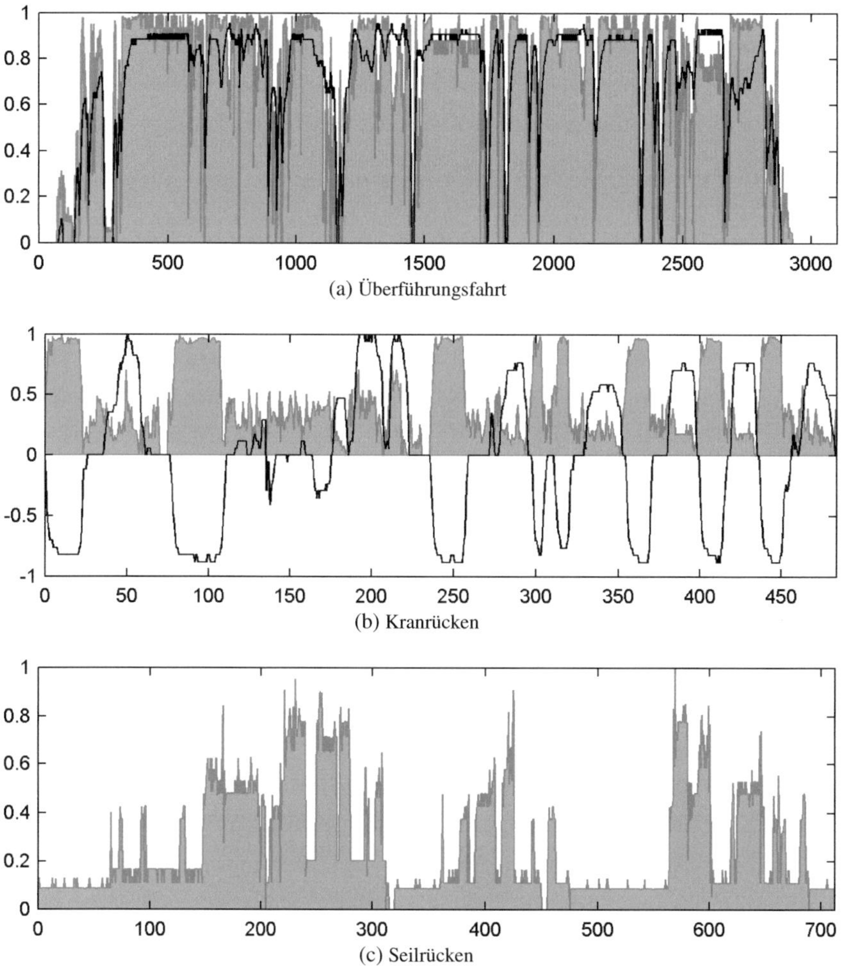

Abb. 4.2.: Geschwindigkeit (schwarz: v/v_{max}) und Leistung (grau: P/P_{max})

Stämme durch Verfahren der Maschine zu einem Polter[2] gebracht. Dort werden sie wiederum durch Kranmanipulationen sortiert und abgelegt. Die Reichweite des Krans ist eine bestimmende Größe der Maschine, da Stämme, die in größerer Entfernung als die Kranreichweite vom Maschinenweg bzw. der Rückegasse entfernt liegen, nur per Seil gerückt werden können. Während des Kranrückens sitzt der Bediener meist quer zur Fahrtrichtung, um den Kran, die Klemmbank und den Weg zu überblicken.

Das Seilrücken wird für Stämme verwendet, die außerhalb der Reichweite des Krans liegen. Dazu zählen auch besonders steilen Lagen, die aufgrund ihrer starken Neigung nicht befahrbar sind. Hierzu verlässt der Bediener die Maschine und steuert diese über eine Fernbedienung. Das Seil wird von der Seilwinde abgerollt und durch den Bediener zum zu rückenden Stamm gezogen. Der Stamm wird befestigt und das Seil per Fernbedienung eingezogen. Dies geschieht für einen oder mehrere Stämme, die anschließend durch Kranmanipulation weiter bewegt werden. Das Seilrücken ist verglichen mit dem Kranrücken langsam und daher weniger produktiv. Nach Möglichkeit wird daher mit dem Kran gerückt.

Die Überführungsfahrt stellt die höchsten Anforderungen an die Geschwindigkeit der Maschine, die maximale Fahrantriebsleistung wird abgefordert. Die Arbeitsverbraucher (Kran und Seilwinden) werden nicht verwendet. Beim Kranrücken werden nur geringe Fahrgeschwindigkeiten erreicht. Durch das Ziehen von Stämmen und das Überwinden von Steigungen werden jedoch sehr hohe Zugkräfte benötigt. Der hydrostatisch angetriebene Kran fordert vergleichsweise wenig Leistung vom Verbrennungsmotor, für schnelle Bewegungen (z. B. Ausschub des Teleskopzylinders) werden jedoch hohe Volumenstromanforderungen an die Pumpe gestellt. Das Seilrücken stellt die geringsten Anforderungen an die Leistungsfähigkeit der Maschine. Der Verbrennungsmotor kann für diese Arbeitsweise mit niedriger Drehzahl betrieben werden. Der Fahrantrieb wird lediglich zur Umpositionierung der Maschine im Umkreis weniger Meter verwendet. Aus Sicherheitsgründen wird die Maschine per Fernbedienung nur mit Schrittgeschwindigkeit verfahren.

---

[2]Polter bezeichnet einen Sammelplatz für Stämme. Dieser befindet sich in der Regel an einem Maschinenweg im Wald.

4.3.2. Visuelle Zyklenanalyse

Die in Abb. 4.1 gezeigten Betriebspunktverteilungen zeigen für die drei Zyklen ein heterogenes Bild. Sie werden hier hinsichtlich des Potentials bezüglich einer Betriebspunktverschiebung entsprechend Abb. 3.3 untersucht:

Bei der Überführungsfahrt liegt eine Häufung der Betriebspunkte im Bereich der maximalen Leistung und damit auch auf der Linie des geringsten spezifischen Verbrauchs. Jedoch dehnt sich der Bereich in Richtung niedriger Momente bei gleichbleibend hoher Drehzahl aus. Hier besteht Potential zur Betriebspunktverschiebung. Das Potential ist jedoch beim Kranrücken deutlich größer, da die Betriebspunkthäufung insgesamt bei mittleren bis niedrigen Momenten und damit entfernt von der optimalen Linie liegt. Durch eine Verschiebung entlang der Leistungshyperbeln hin zu niedrigen Drehzahlen ist hier deutliches Potential zur Verbrauchsreduktion vorhanden. Eine Betriebspunktverschiebung im Seilrückezyklus ist hingegen weniger aussichtsreich, da die größte Häufung der Betriebspunkte ohnehin bei der unteren Leerlaufdrehzahl liegt.

Die Leistungs-Zeitverläufe des Verbrennungsmotors aus Abb. 4.2 werden an dieser Stelle bezüglich des Potentials für Rightsizing entsprechend Abb. 3.4 untersucht:

Die Leistungsverläufe aus Abb. 4.2 (graue Flächen) stellen sich für die drei Zyklen sehr unterschiedlich dar. Während bei der Überführungsfahrt häufig die maximale Leistung abgefordert wird, findet dies beim Kranrücken nur abschnittsweise statt, gefolgt von Abschnitten geringer Auslastung. Beim Seilrücken wiederum treten nur vereinzelte Lastspitzen auf. Beim Seilrücken wäre dementsprechend ein Rightsizing des Verbrennungsmotors sinnvoll, so auch beim Kranrücken. Bei Überführungsfahrten würde Rightsizing jedoch die Funktionalität der Maschine beeinträchtigen, da die maximale Geschwindigkeit nicht über längere Strecken aufrechterhalten werden könnte.

Abschließend wird das Potential einer Leerlaufabschaltung entsprechend Abb. 3.5 anhand der Leistungsverläufe aus Abb. 4.2 betrachtet:

In der Überführungsfahrt sind nur sehr kurze Zeitabschnitte vorhanden, in denen die Leistung des Verbrennungsmotors gleich oder nahe null liegt. Auch beim Kranrücken sind diese Abschnitte selten und kurz. Beim Seilrücken hingegen liegen längere Abschnitte mit sehr geringer Auslastung vor. Diese minimale Leistung könnte im Hybridantrieb durch den sekundären Speicher zur Verfügung gestellt werden, der Verbrennungsmotor könnte in diesen Phasen abgeschaltet werden. Eine Leerlaufabschaltung erscheint folglich nur für das Seilrücken sinnvoll.

4.3.3. Quasi-statische Zyklenanalyse

Die vorhandenen Zyklen werden mit einem Algorithmus geringen Rechenaufwandes ausgewertet. Dabei werden die einzelnen Messwerte und deren Folgen betrachtet ohne jedoch auf dynamische Effekte einzugehen. Es sollen aus den ausgewählten Zyklen folgende Informationen gewonnen werden:

- Welche Energie steht zur Rekuperation grundsätzlich zur Verfügung? Dazu stehen der Geschwindigkeitsverlauf, die Maschinenmasse sowie die Geländesteigung und damit das Höhenprofil der Strecke zur Verfügung. Auf die Möglichkeit der Rekuperation aus der Arbeitsausrüstung wird hier bewusst verzichtet. Äußere Zugkräfte werden wegen nicht vorhandener Messdaten vereinfacht als konstant angenommen. Weiterhin wird ein Rollwiderstandsbeiwert angenommen. Aus diesen Informationen wird die beim Bremsen frei werdende Energie aufaddiert. Es wird angenommen, dass diese Energie zu einem Anteil von 50% technisch genutzt wird. Diese technisch nutzbare Energie substituiert mechanische, vom Verbrennungsmotor kommende, Energie. Weiterhin wird angenommen, dass die mechanische Energie mit einem durchschnittlichen Kraftstoffwirkungsgrad von 30% bereitgestellt wird. Mit diesen Annahmen lässt sich die rekuperierbare Energie in eine Reduktion des Kraftstoffverbrauchs umrechnen.

- Welche Einsparung lässt sich durch eine Betriebspunktstrategie (Kennlinienbetrieb des Verbrennungsmotors) maximal erreichen? Dazu wird für jeden Messpunkt die Leistungsabgabe des Verbrennungsmotors betrachtet und virtuell entlang der jeweiligen Leistungshyperbel zum Punkt geringsten spezifischen Verbrauchs verschoben. Abschließend wird der Quotient aus dem derart verringerten Verbrauch zum Referenzwert aus den Messdaten gebildet.

- Welche Einsparung lässt sich durch einen Ein-Punkt-Betrieb des Verbrennungsmotors erreichen? Hierbei wird die Durchschnittsleistung im Zyklus ermittelt und davon ausgegangen, dass der Verbrennungsmotor nur diese Leistung erbringt. Abweichungen zwischen Durchschnittsleistung und tatsächlicher Leistung werden gedanklich über den sekundären Antrieb und dessen Speicher ausgeglichen. Die Durchschnittsleistung wird durch den Verbrennungsmotor im Punkt optimalen Verbrauchs bereitgestellt. Um die Verluste beim Laden und Entladen des Speichers zu berücksichtigen, wird die Durchschnittsleistung um einen fixen Prozentsatz angehoben. Abschließend wird der Quotient aus dem derart verringerten Verbrauch zum Referenzwert aus den Messdaten gebildet.

- Welche Einsparung lässt sich durch Start-Stopp-Betrieb erzielen? Dazu wird ein Leistungsschwellwert definiert, unterhalb dessen Leerlauf angenommen wird. Zu allen Zeitpunkten, an denen der Leistungsschwellwert unterschritten wird, wird der Verbrauch gleich Null gesetzt. Der Verbrauch durch die Versorgung der Nebenaggregate, die im Stopp-Fall weiterlaufen, wird nicht kompensiert. Abschließend wird der Quotient aus dem derart verringerten Verbrauch zum Referenzwert aus den Messdaten gebildet.

Aus der Betrachtung von vier Funktionen in je drei Zyklen ergeben sich 12 betrachtete Fälle. Die Kraftstoffeinsparungen der betrachteten Fälle sind die betrachteten Ergebnisse. Die quasi-statische Betrachtung der Zyklen der Beispielmaschine ergaben in 10 von 12 Fällen Einsparungen von $1,1\%$ bis $37,8\%$. In zwei Fällen ergaben sich keine Einsparungen. Mit $17,2\%$ bis $37,8\%$ lagen die Einsparungen durch Ein-Punkt-Betrieb in allen drei Zyklen am höchsten. Durch Rekuperation ergaben sich mit maximal $4,5\%$ die geringsten Einsparungen. Die Ergebnisse sind in Tab. 4.1 dargestellt. Wie im oben ste-

Tab. 4.1.: Ergebnisse der quasistatischen Betrachtung

Zyklus	Einsparung [%]				
	Kennlinie	Ein-Punkt	Rekuperation	Start-Stopp	Kennl.+Rekup.
Fahren	3,0	18,6	4,5	1,1	7,5
Kranrücken	13,8	17,2	2,2	0,0	16,0
Seilrücken	2,0	37,8	0,0	17,3	2,0

henden Vorgehen erläutert, fand eine getrennte Betrachtung von vier Aspekten statt, die die Spalten der Tab. 4.1 bilden. Da es sich bei den Aspekten einerseits um Betriebsstrategien (Kennlinienbetrieb und Ein-Punkt-Betrieb) und andererseits um Funktionen (Rekuperation und Start-Stopp-Betrieb) handelt, ergibt eine zeilenweise Summierung aller vier Aspekte keinen Sinn. Nur für die Kombination aus Kennlinienbetrieb und Rekuperation wird die Summe gebildet, da dies der Konfiguration der dynamischen Betrachtung (Kap. 4.7) entspricht. Eine jeweilige spaltenweise, gewichtete Summierung über die drei Zyklen ist möglich. Jedoch müssen dazu die Gewichtungsfaktoren der einzelnen Zeilen bekannt sein. Diese variieren mit dem jeweiligen Einsatzszenario und können nicht allgemeingültig festgelegt werden. Auf die Summierung wird daher an dieser Stelle verzichtet.

4.4. Schritt 3: Priorisierung der Funktionen

Die in Tab. 3.3 aufgelisteten Funktionen werden an dieser Stelle für den vorliegenden Fall eingeteilt in die Kategorien Muss, Soll und Soll-nicht. Die jeweilige Einteilung wird begründet.

Muss

- Rekuperation: Laut quasi-statischer Untersuchung ist Potential vorhanden.

- Betriebspunktverschiebung: Besonders beim Kranrücken ist Potential vorhanden.

- Hybrid-Boost und Passiver Boost: Diese können (besonders beim Kranrücken) die Produktivität steigern.

Soll

- Verschleißfreies Bremsen: Wenn Rekuperation ermöglicht wird, ergibt sich das verschleißfreie Bremsen damit ebenfalls. Da es jedoch nur einen geringen Nutzen bringt, soll dafür kein zusätzlicher Aufwand betrieben werden.

- Leerlaufabschaltung und Fremdstart der VKM: In der visuellen Zyklenanalyse hat sich gezeigt, dass dies nur beim Seilrücken von Nutzen ist. Da diese Arbeit jedoch eine untergeordnete Rolle spielt, sollte für eine Leerlaufabschaltung kein zusätzlicher Aufwand betrieben werden.

- Phlegmatisierung: Der Nutzen einer Phlegmatisierung kann auf Basis der vorliegenden Daten nicht beurteilt werden.

- Entkoppeln von Nebenverbrauchern: Aus vorliegenden Daten der Maschine und deren Einsatz können keine Rückschlüsse über den Nutzen der Entkoppelung von Nebenverbrauchern gezogen werden.

- Unterstützung von Schaltvorgängen: Das Umschalten vom Arbeitsgang (erster Gang) in den Fahrgang (zweiter Gang) tritt nur beim Wechsel von Überführungsfahrten zu Arbeitseinsätzen auf und wird nur im Stillstand durchgeführt. Eine Unterstützung dieses seltenen Vorgangs bringt bei der betrachteten Maschine nur einen geringen Mehrwert.

Soll-nicht

- Regeneration: Da die Einbeziehung der Arbeitsverbraucher nicht geplant ist, wird hiervon abgesehen.

- Rightsizing: Die Auslastung des Verbrennungsmotors bei Überführungsfahrten verbietet das Verringern der Verbrennungsmotorleistung.

- Downsizing: Das Erhöhen der spezifischen Verbrennungsmotorleistung ist im vorliegenden Fall unabhängig von der Hybridisierung und sollte allenfalls gesondert betrachtet werden.

- Segeln: Die internen Verluste des Antriebsstrangs aufgrund von Reibung würden beim Segeln zu einem ungewünschten Geschwindigkeitsverlust führen.

- Genset-Betrieb: Ein Nutzen dieser Funktion für den vorliegenden Fall ist derzeit nicht erkennbar.

4.5. Schritt 4: Vorauswahl des Speichers

Die mit „Muss" bewerteten Funktionen (Rekuperation, Betriebspunktverschiebung, Hybrid-Boost und Passiver Boost) stellen hohe Anforderungen an die Leistung des Speichers und geringere Anforderungen an dessen Energie. Im Ragone-Diagramm (Abb. 3.6) kommen daher Speicher aus dem oberen, linken Bereich in die nähere Auswahl. Da die Maschine im vorliegenden Fall hydrostatisch angetrieben ist, ist die Integration eines Hydrospeichers mit geringem Aufwand verbunden, verglichen mit der Implementierung eines elektrischen Systems. Es soll daher ein Hydrospeicher verwendet werden. Eine Festlegung auf Kolben-, Membran- oder Blasenspeicher findet an dieser Stelle nicht statt. Zur überschlägigen Dimensionierung sollte folgender Fall betrachtet werden: Die Maschine bremst aus voller Geschwindigkeit ab und rekuperiert diese Bremsenergie. Die Energie die sich aus der Geschwindigkeit und der Masse des Fahrzeugs errechnet, muss, verringert um Wirkungsgradverluste, vollständig im Speicher gespeichert werden können. Leistungsseitig sind die Schwankungen der Verbrennungsmotorbelastung relevant für die Dimensionierung. Soll der Speicher eine Phlegmatisierung ermöglichen, muss er diese Schwankungen ausgleichen. Für den Fall der Überführungsfahrt ergeben sich aus Abb. 4.2 Schwankungen von ca. $10 - 20\%$ der Verbrennungsmotorleistung, beim Kranrücken sind es ca. 30%. Beim Seilrücken sind noch höhere relative Schwankungen zu erkennen, die aufgrund der geringen Absolutwerte der Leistung unter denen der beiden anderen Zyklen liegen.

4.6. Schritt 5: Generierung von Varianten

Zur Hybridisierung des Rückeschleppers werden verschiedene Antriebsstrangvarianten erzeugt. Hierzu werden vorerst die bereits getroffenen Entscheidungen in Abb. 4.3 dargestellt, wobei die grau schattierten Kästchen die Fixpunkte derstellen, die es einzuhalten gilt. Auf der Ebene der Antriebsstrangkonfiguration ist in dieser Abbildung der leistungsverzweigte Hybrid ausgeschlossen, da dieser einen zu großen Eingriff in die Grundstruktur des Rückeschleppers bedeuten würde. Die Grundstruktur der Maschine sollte unverändert bleiben.

Aus dem noch offenen Lösungsfeld werden hier exemplarisch die beiden Lösungsvarianten entsprechend Abb. 4.4 ausgewählt und weiter verfolgt.

Variante 1: Parallelhybrid Die Variante Parallelhybrid entspricht dem Antriebsstrang der Referenzmaschine ergänzt um einen Hydrostaten, einen Hydrospeicher, Leitungen und Schaltventile sowie mess- und regelungstechnische Komponenten. Der Hydrostat wird über das Pumpenverteilergetriebe mit dem mechanischen Teil des Antriebsstranges verbunden. Niederdruckseitig erfolgt die Anbindung an den Tank, hochdruckseitig über ein Schaltventil an den Speicher. Es handelt sich um einen von $+100\%$ bis -100% verstellbaren Hydrostaten. Durch diese Anordnung kann bei Bedarf Drehmoment in das

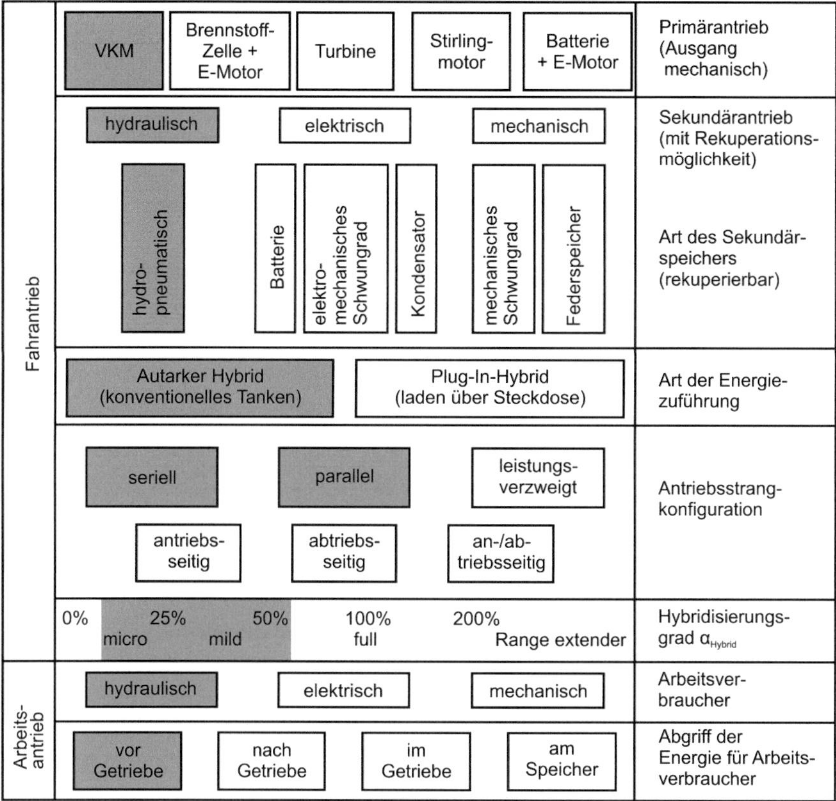

Abb. 4.3.: Morphologischer Kasten mit eingetragenen Fixpunkten

Pumpenverteilergetriebe eingespeist oder daraus entnommen werden. Voraussetzung ist ein entsprechender Ladezustand des Speichers. Die drei wesentlichen Parameter dieser Variante sind das Schluckvolumen des Hydrostaten sowie das Volumen und der Vorspanndruck des Speichers. Anstelle des Tanks könnte auch ein Niederdruckspeicher eingesetzt werden. Dies böte Vorteile bezüglich Kavitation am Hydrostaten und brächte zwei weitere Parameter (Volumen und Vorspanndruck des Niederdruckspeichers) sowie zusätzliches Gewicht und Kosten mit sich. Eine schematische Darstellung der Antriebsstrangarchitektur zeigt Abb. 4.4 links. Diese Antriebsstrangarchitektur (im Folgenden Variante 1) wird mit der Betriebsstrategie „Kennlinienbetrieb" untersucht (siehe Kap. 2.5).

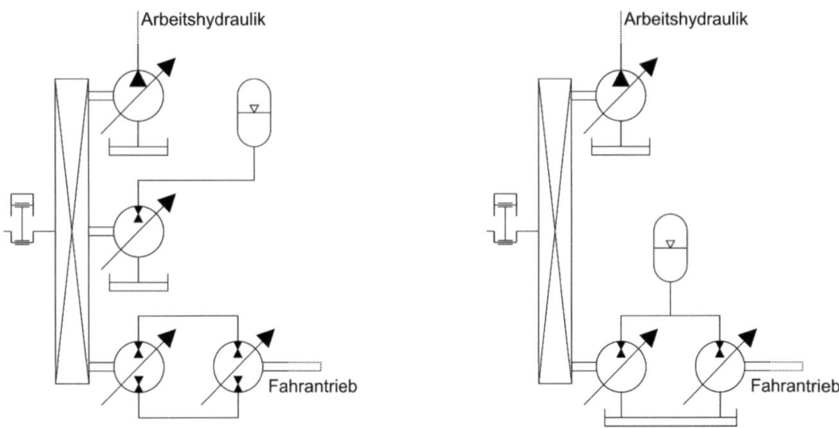

Abb. 4.4.: Hybridantriebsstrang Variante 1 (links) und Variante 2 (rechts)

Variante 2: Serieller Hybrid Auch für diese Variante wird der Antriebsstrang der Referenzmaschine herangezogen. Allerdings wird der hydrostatische Abschnitt des Fahrantriebes abgewandelt. Anstelle des volumenstromgekoppelten Systems der Referenzmaschine wird ein druckgekoppeltes System vorgesehen, anstelle des geschlossenen liegt dann ein offener Kreis vor. Auf der Druckseite ist dieser mit einem Speicher verbunden, die Niederdruckseite ist mit dem Tank verbunden. Analog zum Parallelhybrid wäre es auch hier möglich, an Stelle des Tanks einen Niederdruckspeicher anzuschließen.[3] Die Schluckvolumina der Fahrhydrostaten werden gegenüber der Referenzarchitektur nicht verändert. Jedoch müssen diese beiden Hydrostaten für den seriellen Hybridantrieb durch Null schwenkbar sein, um die Vorteile (besonders Rekuperation) nutzen zu können. Eine schematische Darstellung der Antriebsstrangarchitektur zeigt Abb. 4.4 rechts. Der serielle Hybridantrieb (im Folgenden Variante 2) wird ebenfalls mit der Betriebsstrategie „Kennlinienbetrieb" untersucht (siehe Kap. 2.5).

4.7. Schritt 6: Einschränken der Variantenvielfalt mittels dynamischer Simulation

Um Rechenzeit zu minimieren, gilt in der Simulation allgemein: Das Modell muss so genau wie nötig und so schlicht wie möglich sein. Es wurde eine Simulation mit

---

[3]Ein Tank müsste weiterhin im System verbleiben, um Leckölströme aufzunehmen und für Nebenverbraucher, die im offenen Kreis betrieben werden.

konzentrierten Parametern gewählt. Abgebildet wurden die Komponenten des Antriebsstranges (Verbrennungsmotor, mechanische Getriebestufen, hydrostatische Pumpen und Motoren, Ventile etc.) Da im vorliegenden Fall eine energetische Betrachtung stattfindet, kann auf die Betrachtung von Schwingungen und höherdynamischen Vorgängen verzichtet werden. Bei der dynamischen Modellierung werden ein Weg-Zeit- und ein Geschwindigkeits-Weg-Profil als Sollwerte vorgegeben und über einen Fahrer, der den Regler darstellt, wird das System eingeregelt.

4.7.1. Modellierung

Verluste   Die Modellierung der Verluste erfolgt näherungsweise über Kennfelder. Dies betrifft einerseits den Verbrennungsmotor (Wirkungsgradkennfeld skaliert aus Abb. B.1) andererseits die Hydrostaten (Wirkungsgradkennfeld skaliert und interpoliert/extrapoliert aus Abb. B.2). Weiterhin werden die Verluste der mechanischen Getriebestufen über ein konstantes Summen-Verlustmoment abgebildet. Der Speicher ist über Wärmeaustausch mit der Umgebung verlustbehaftet, im Rad-Boden-Kontakt wird ein konstanter Rollwiderstandsbeiwert angenommen (unterschiedlich für Straßenfahrt oder Fahrt auf Waldwegen).

Fahrermodell   Als ein gesondert zu betrachtendes Teilsystem in der Simulation hat sich der Maschinenführer erwiesen. Der Einfachheit halber soll im Folgenden vom Fahrer bzw. Fahrermodell gesprochen werden. Seine Aufgabe – in der Realität wie in der Simulation – lässt sich über seine Schnittstellen zur Maschine und zur Umwelt beschreiben. Diese Schnittstellen und weitere relevante Größen sind in Abb. 4.5 dargestellt [88]. Beim realen Fahrer sind die Kognition, die Entscheidungsfindungs-Prozesse, die bewussten und unbewussten Reaktionen sowie die Dosierung der Aktionen äußert umfassend und vielschichtig. Auf der anderen Seite führen gerade diese komplexen Zusammenhänge dazu, dass reale Fahrer ihre Aktionen nicht exakt reproduzieren können. Das Modell des Fahrers in der Simulation kann und soll nicht den realen Fahrer umfassend abbilden. Vielmehr sind einige wenige charakteristische Eigenschaften ausreichend. Der simulierte Fahrer kann jedoch seine Aktionen perfekt reproduzieren.

In [88] wird ein Fahrermodell vorgestellt, das für den vorliegenden Fall angewandt wird.

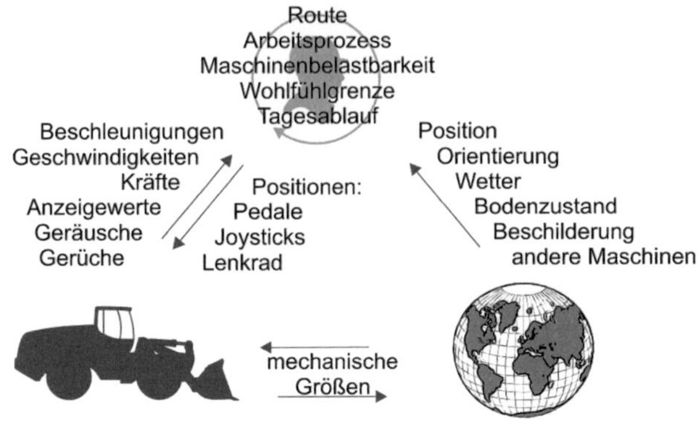

Abb. 4.5.: Austauschgrößen zwischen Fahrer, Maschine und Umwelt [88]

Es handelt sich um ein Modell, das auf Basis von Ist-Position, Ist-Geschwindigkeit, Soll-Position und Soll-Geschwindigkeit sowie einfachen Rechenvorschriften und Reglerbausteinen eine Gaspedalstellung ausgibt. Die Struktur dieses Reglers ist in Abb. 4.6 dargestellt. Der Bewerter-Block erzeugt aus den Geschwindigkeits- und Wegabweichun-

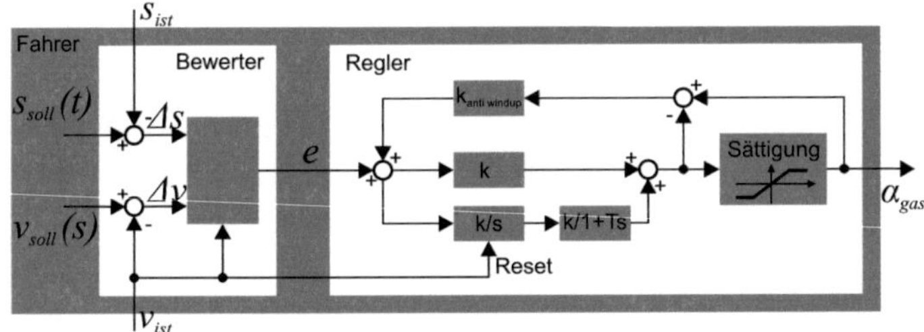

Abb. 4.6.: Regelkreis zur Abbildung des Fahrerverhaltens [88]

gen in Abhängigkeit der aktuellen Geschwindigkeit eine Regeldifferenz. Dabei wird die Formel [4.1] verwendet.

$$e = sgn\left(v_{ist}\right)\left(\Delta v \frac{|v_{ist}|}{v_{max}} + \Delta s\left(1 - \frac{|v_{ist}|}{v_{max}}\right)\right) \qquad [4.1]$$

4.7.2. Ergebnisse der dynamischen Simulation

Die beiden Antriebsstrangvarianten wurden je mit den drei Zyklen (siehe Abb. 4.2) als Eingangswerte simuliert. Verglichen wurde der jeweilige Kraftstoffverbrauch mit dem des validierten Referenzmodells der nicht hybridisierten Maschine. Zur Vergleichbarkeit der Simulationen wurde sichergestellt, dass die Geschwindigkeits-Weg-Profile des Fahrantriebes, die Volumenstrom-Druck-Verläufe der Arbeitshydraulik und die äußere Zugkraft entsprechend dem validierten Referenzmodell eingehalten wurden. Die jeweils ermittelten Einsparungen sind in Tab. 4.2 dargestellt. Es zeigt sich, dass die Einsparungen durchgängig im einstelligen Prozentbereich liegen. Bei keiner der beiden Varianten ergeben sich Einsparungen für das Seilrücken. Die Einsparungen sind im Falle des Kranrückens für beide Varianten größer als für den Fahrzyklus. In der Simulation

Tab. 4.2.: Ergebnisse der dynamischen Simulation

Zyklus	Einsparung [%]	
	Variante 1	Variante 2
Fahren	5,4	4,8
Kranrücken	6,6	5,9
Seilrücken	0,0	0,0

wurde die Betriebsstrategie „Kennlinienbetrieb" für beide Varianten verwendet. Die Betriebsstrategie „Ein-Punkt-Betrieb" konnte, wie in Kap. 4.1 erläutert, nicht ohne Verlust der Vergleichbarkeit mit dem Referenzmodell implementiert werden. Gleiches gilt für den Start-Stopp-Betrieb. Die Rekuperation hingegen wurde umgesetzt. Eine Trennung der Einsparungen durch den Kennlinienbetrieb und durch Rekuperation ist in der dynamischen Betrachtung nicht möglich, da sich beide gegenseitig beeinflussen. Durch die Rekuperation wird der Verbrennungsmotor entlastet und nimmt folglich einen anderen Punkt auf der Kennlinie ein als es ohne Rekuperation der Fall wäre. Andererseits verschiebt auch das Füllen des Speichers durch den Verbrennungsmotor dessen Betriebspunkt.

Unterschiedliche Füllstände des Speichers zu Beginn und zum Ende der Simulationen wurden in die Bilanzierung des Kraftstoffverbrauchs einbezogen, wobei zur Umrechnung von hydrostatischer Energie in ein Kraftstoff-Äquivalent die im Zyklus auftretenden mittleren Verbrennungsmotor- und Pumpenwirkungsgrade berücksichtigt wurden.

Aus der Betrachtung der Daten aus Tab. 4.2 ist ersichtlich, dass Variante 1 einen geringen Vorteil gegenüber Variante 2 zeigt. Allerdings ist dieser Vorteil mit $0,6\%$-Punkten bzw. $0,7\%$-Punkten sehr gering und rechtfertigt allein keine Entscheidung für eine der beiden Varianten.

4.8. Schritt 7: Kontrolle der Zielerfüllung

Als Ziele wurden zu Beginn der Methodik ein Erhöhen der Produktivität sowie eine Verringerung des Kraftstoffverbrauchs festgelegt. Die Verbrauchsverbesserung konnte mit beiden Antriebsstrang-Varianten in der Simulation gezeigt werden. Eine Produktivitätssteigerung, in Form erhöhter Beschleunigungen, verringerter Reaktionszeiten etc., konnte aufgrund des Aufbaus des Simulationsmodells nicht ermittelt werden. Es ist jedoch zu erwarten, dass der permanent im Speicher anliegende Druck diese Art der Produktivitätssteigerung ermöglicht.

Die beiden Lösungsvarianten erfüllen (bzw. ermöglichen) alle mit „Muss" gekennzeichneten Funktionen. Der erwartete Aufwand für die Umsetzung unterscheidet sich für beide Varianten. Während Variante 1, der Parallelhybrid, eine Add-On-Lösung darstellt, bedeutet Variante 2 jedoch einen größeren Eingriff in das bestehende System, da der Fahrantrieb in ein druckgekoppeltes System umgebaut werden muss. Der geringere (konstruktive) Aufwand und der aus der Simulation resultierende Verbrauchsvorteil begründen eine Entscheidung zugunsten des Parallelhybrids.

5. Interpretation der Ergebnisse und Schlussfolgerungen

In diesem Kapitel werden die Ergebnisse der quasi-statischen Betrachtung und der dynamischen Simulation analysiert. Diese werden je für sich und anschließend beide im Vergleich untersucht. Abschließend wird eine Abschätzung darüber gegeben, wie sich die Umsetzung in einer realen Maschine gestalten könnte.

5.1. Interpretation der Ergebnisse der quasi-statischen Betrachtung

Die Ergebnisse der quasi-statischen Betrachtung (siehe Tab. 4.1) erscheinen plausibel, die qualitative Verteilung der Einsparungen über die zwölf Fälle sind nachvollziehbar. Die Einsparungen durch Rekuperation fallen insgesamt niedrig aus. Dies ist im Fahrzyklus auf die relativ seltenen Abbremsvorgänge und beim Kranrückezyklus auf die hohen Rollreibungsverluste auf weichen Waldwegen sowie auf die hohen äußeren (bremsenden) Zugkräfte durch die gezogenen Bäume und Stämme zurückzuführen. Die fehlenden Einsparungen durch Rekuperation im Seilrückezyklus sind ebenfalls begründet: Es finden bei dieser Art der Arbeit keine Fahrbewegungen oder nur solche mit minimaler Geschwindigkeit auf weichen Böden statt.

Der Kennlinienbetrieb zeigt zyklusabhängig weit auseinanderliegende Einsparungen. Beim Fahren und beim Seilrücken sind die geringen Einsparungen darauf zurückzuführen, dass die Betriebspunkte zwar nicht im absoluten Bestpunkt des Kennfeldes liegen, jedoch in der Nähe der Bestpunkte der jeweiligen Leistungshyperbeln. Ein Verschieben der Betriebspunkte auf den jeweiligen Hyperbeln führt daher lediglich zu geringen Verbesserungen. Beim Kranrücken hingegen kann durch den Kennlinienbetrieb deutlich mehr eingespart werden. Die Betriebspunkte liegen schwerpunktmäßig im Bereich mittlerer Drehzahlen und mittlerer Momente. Durch Verschiebung auf die Kennlinie wandern die Punkte deutlich in Richtung niedriger Drehzahlen und hoher Momente und damit hin zu wesentlich besseren Wirkungsgraden.

In der dritten betrachteten Fallgruppe – dem Ein-Punkt-Betrieb – zeigen sich mit zweistelligen Werten für alle drei Zyklen sehr hohe Einsparungen. Die Verschiebung aller Betriebspunkte in den absoluten Bestpunkt des Verbrennungsmotors stellt damit die beste der untersuchten Möglichkeiten dar. Es fällt zusätzlich auf, dass die Einsparungen beim Seilrücken etwa doppelt so hoch sind wie bei den anderen beiden Zyklen. Dies lässt sich anhand der Betriebspunktverteilung erklären, das Seilrücken zeigt Häufungen nahe der Leerlauflinie mit ihrem geringen Wirkungsgrad (siehe Abb. 4.1c).

Die vernachlässigbar kleinen Einsparungen durch Start-Stopp-Betrieb im Fahrzyklus, erklären sich durch das fast vollständige Fehlen von Stillstandsphasen. Das Fehlen jeglicher Einsparungen durch Start-Stopp-Betrieb beim Kranrücken ist darauf zurückzuführen, dass in diesem Zyklus unterbrechungsfrei gearbeitet wird, teilweise sogar mehrere Aktionen parallel ausgeführt werden (Manipulationen per Kran und Fahren). Die hingegen sehr guten Einsparungen durch Start-Stopp-Betrieb beim Seilrücken lassen sich wiederum durch den hohen Anteil an Leerlaufphasen in diesem Zyklus erklären. Diese Leerlaufphasen treten auf, wenn der Maschinenführer das Seil abrollt, und wenn er das Seil an den Stämmen befestigt.

5.2. Interpretation der Ergebnisse der dynamischen Simulation

Bei den Ergebnissen der dynamischen Simulation fällt auf, dass beim Seilrücken sowohl bei Variante 1 als auch Variante 2 keine Einsparung auftritt. Dies lässt sich damit begründen, dass im Seilrückezyklus keine Fahrbewegungen stattfinden und die Antriebsstrangarchitektur und Betriebsstrategie keinen Einfluss auf den Antrieb der Seiltrommel haben. Weiterhin fällt auf, dass die Einsparungen insgesamt sehr niedrig ausfallen, wenn man die Ergebnisse und Ankündigungen aus Kap. 2.2 zum Vergleich heranzieht. Zur Erklärung müssen an dieser Stelle mehrere Tatsachen berücksichtigt werden:

Zum einen ist die hier betrachtete Beispielmaschine mit ihren Belastungsprofilen, die in den Beispielzyklen repräsentativ aufgezeigt wurden, nicht gleichermaßen prädestiniert für den Einsatz eines Hybridantriebes wie beispielweise ein Radlader oder Gabelstapler. Diese beiden Maschinentypen können – bei glattem, festem Untergrund – durch ihren durch Reversieren geprägten Betrieb, die Vorteile der Rekuperation voll nutzen. Die hier betrachtete Forstmaschine bewegt sich im Arbeitseinsatz jedoch auf weichen Waldböden oder auf Waldwegen. Dort treten zwar beim Kranrücken häufig Reversiervorgänge auf, jedoch wird die kinetische Energie des Fahrzeugs im Rad-Boden-Kontakt bei den vorliegenden Untergründen zum Großteil direkt in Verformungsarbeit umgesetzt. Weiterhin liegen durch das Ziehen von Baumstämmen, teilweise mit Astwerk und Laub, hohe äußere Zugkräfte an, die ebenfalls das Rekuperieren von Bremsenergie verhindern. Bei Überführungsfahrten der Maschine, von einem Einsatzort zum nächsten, bewegt sich diese meist auf befestigten Straßen und es wird keine Zugkräfte erzeugende Ladung transportiert. Abbremsvorgänge sind bei diesen Überführungsfahrten jedoch relativ selten, da es sich in der Regel um Überlandfahrten handelt. Es wird nur gebremst, wenn es die Straßen- und Verkehrssituation erfordert, was aufgrund der geringen Fahrgeschwindigkeiten der Maschine (max. $36km/h$) selten der Fall ist. Somit ist auch bei Überführungsfahrten nur eine geringe Einsparung durch Rekuperation möglich.

Weiterhin muss für die Abweichung zu den Werten aus Kap. 2.2 betrachtet werden, dass es sich dabei um Firmenangaben handelt, bei denen davon auszugehen ist, dass Spitzenwerte aus optimalen Szenarien genannt werden, die nicht zwingend den Durchschnitt aller Einsätze der Maschinen widerspiegeln. Auch stellt sich die Frage nach der Referenz: Werden die Verbräuche hybridisierter Maschinen ins Verhältnis gesetzt mit den Verbräuchen von Maschinen, die bisher nicht auf einen geringen Kraftstoffverbrauch hin optimiert wurden, bleibt offen, welcher Anteil der Verbesserung auf hybrid-spezifische Funktionen zurückzuführen ist und welcher Anteil auf eine grundsätzliche Verbesserung von Komponenten und Betriebsweise. Diese „Unschärfe" ist bei den durchgeführten Simulationen nicht vorhanden, die ermittelten Einsparungen sind ausschließlich durch Hybridfunktionen entstanden.

Beide Hybrid-Varianten (parallel und seriell) führen dazu, dass der Verbrennungsmotor im Durchschnitt geringer ausgelastet wird als in der Referenzmaschine. Damit werden im Durchschnitt auch schlechtere Wirkungsgrade des Verbrennungsmotors erreicht. Dies steht im direkten Gegensatz zu dem durch Rekuperation verbesserten Verbrauch. Dieser Zusammenhang ist auch betriebsstrategieabhängig und führt in der Summe zu geringen Einsparungen. Für beide Varianten gilt, dass die erzielten Einsparungen auf Rekuperation und Betriebspunktverschiebung zurückzuführen sind.

5.3. Vergleich der Ergebnisse und Schlussfolgerungen

Eine Gegenüberstellung der Ergebnisse aus der dynamischen und ausgewählter Ergebnisse aus der quasi-statischen Betrachtung zeigt Tab. 4.2. Insgesamt sind die Einsparun-

Tab. 5.1.: Gegenüberstellung der quasi-statischen und dynamischen Ergebnisse

Zyklus	Einsparung [%]		
	quasi-statisch	dynamisch	
	Kennl.+Rekup.	Variante 1	Variante 2
Fahren	7,5	5,4	4,8
Kranrücken	16,0	6,6	5,9
Seilrücken	2,0	0,0	0,0

gen in der dynamischen Simulation geringer, als die der quasi-statischen Betrachtung. Dies ist auf Wirkungsgradeinflüsse einzelner Komponenten zurückzuführen, ebenso wie auf eine detailliertere Abbildung der Maschine in der dynamischen Simulation z. B. bezüglich der äußeren Zugkraft. Wirkungsgrade wurden in der quasi-statischen Betrachtung nur in Form des Verbrennungsmotorkennfeldes und teilweise als Konstanten hinterlegt. In der dynamischen Simulation sind hingegen Kennfelder auch für die Hydrostaten hinterlegt und auch der Hydrospeicher ist über thermodynamische Effekte wirkungsgradbehaftet. Die Zugkraft wurde in der quasi-statischen Betrachtung als konstant angenommen. In der dynamischen Simulation wurden hingegen gemessene Werte zugrunde gelegt. Die gemessenen Werte beeinflussten die dynamische Simulation durch ihre starken Schwankungen, welche zu Beschleunigungsvorgängen im Antriebsstrang führen, die Betriebspunkte des Verbrennungsmotors verschieben und damit in einem höheren Verbrauch resultieren.

Der quasi-statischen Betrachtung liegen Messwerte aus dem Kundeneinsatz zugrunde. Der entsprechende Fahrer hat nach Möglichkeit vorausschauend gehandelt. Der simulierte Fahrer der dynamischen Betrachtung handelt nicht vorausschauend, er versucht lediglich den Vorgaben der Messwerte zu folgen. Das führt dazu, dass auch bei kleinen Abweichungen, die über längere Zeit bestehen, durch den I-Anteil des Fahrers stärker Gas gegeben wird, als es der echte Fahrer getan hat oder auch tun würde. Dieses „unnötige" Vollgasgeben aufgrund kleiner Abweichungen, führt ebenfalls zu einem erhöhten Verbrauch in der dynamischen Simulation.

Abschließend kann festgestellt werden, dass die Absolutwerte der quasi-statischen Betrachtung in der dynamischen Simulation nicht bestätigt werden konnten. Das Verhältnis der Einsparungen zueinander weist ebenfalls nur geringe Ähnlichkeit auf. Zwar ist aus Tab. 5.1 ersichtlich, dass beim Seilrücken jeweils die geringste Einsparung und beim Kranrücken die höchste Einsparung vorliegt. Aber weder ein einheitlicher Offset noch ein einheitlicher Faktor zwischen den Werten ist ersichtlich.

Es bleibt daher festzuhalten, dass die quasistatische Betrachtung zu ungenau ist, um darauf aufbauend Entscheidungen im Entwicklungsprozess zu treffen. Lediglich offensichtliche Zusammenhänge können damit gezeigt werden. Diese bieten jedoch aufgrund der fehlenden Belastbarkeit der Zahlenwerte einen geringen Mehrwert gegenüber einer subjektiven Analyse der Belastungsdaten durch einen Experten.

5.4. Zu erwartende Abweichungen zum realen Prototyp

Die Abbildung eines technischen Systems in einer Simulationsumgebung ist stets eine Vereinfachung. Noch stärker gilt dies für die quasi-statischen Betrachtungen. Obwohl diese Abstrahierungen und Vereinfachungen der Realität, bei der entsprechenden Aufgabenstellung, zweckmäßig sind, besteht letztendlich vor der Umsetzung in die Realität immer die Frage, welche Ergebnisse und Interpretationen Bestand haben werden und welche sich als falsch oder fehlerhaft herausstellen. Die getroffenen Annahmen und Vereinfachungen können sich letztendlich als Schwachstellen herausstellen. Daher soll an dieser Stelle abgeschätzt werden, wo relevante Abweichungen zwischen den durchgeführten Untersuchungen und einer möglichen Umsetzung am Prototyp vorliegen.

Zuvorderst sind Wirkungsgrade zu nennen. Diese wurden nur für ausgewählte Komponenten abgebildet und basieren in diesen Abbildungen nicht auf tatsächlichen Messungen an den Komponenten der betrachteten Maschine, sondern auf angepassten Literaturwerten. Die Mehrzahl der Komponenten wurde verlustfrei modelliert. Eine weitere wichtige Verlustquelle ist der Rad-Boden-Kontakt, der im vorliegenden Fall nur über einen Rollwiderstandsbeiwert abgebildet wurde. Die nicht abgebildeten Wirkungsgrade werden in der Realität zu geringeren Einsparungen führen. Die vereinfachte Abbildung von Wirkungsgraden kann zu einer Verbesserung oder einer Verschlechterung führen.

Es gilt weiterhin zu beachten, dass nur eine Auswahl von drei Zyklen untersucht wurde. Diese wurden zwar nach der Analyse umfangreicher Messdaten als repräsentativ bewertet, dennoch können in der Realität Belastungen auftreten, deren Einflüsse durch die ausgewählten Zyklen nicht erfasst wurden.

Im Detail sind weitere Abweichungen zwischen Modell und Realität zu nennen. So ist die hydraulisch-mechanische Ansteuerung der Hydrostaten, besonders derer im Fahrantrieb, nicht abgebildet. Das heißt, dass der Energieverbrauch dieser Verstelleinrichtungen nicht explizit berücksichtigt wurde, (weder im Referenzmodell noch in den Hybrid-Varianten) aber auch das dynamische Verhalten fehlt. Auch das Steuergerät des Verbrennungsmotors, das bezüglich dessen dynamischen Verhaltens wichtig ist, wurde nicht abgebildet.

Der Einfluss der Temperatur wurde nicht betrachtet (mit Ausnahme des Speichers) und Alterungs- und Verschleißverhalten wurden ebenfalls vernachlässigt. Daraus können weitere Abweichungen zwischen Modell und Realität auftreten. Dies gilt auch für die vereinfachte Abbildung des Fahrers, der in der Realität durch seine Fahrweise besonders großen Einfluss auf den Kraftstoffverbrauch hat. Hier sind je nach Fahrer signifikante Abweichungen zu erwarten.

Bei dem simulierten sekundär geregelten Fahrantrieb (Variante 2) muss darauf hingewiesen werden, dass ein solcher Antrieb in mobilen Arbeitsmaschinen bisher nicht zu finden ist. Die Umsetzung in der Simulation erfolgt vergleichsweise unproblematisch, wenn Slip-Stick-Effekte und ähnliches nicht modelliert werden. In der Realität führen gerade diese Effekte jedoch zu Problemen bei sekundär geregelten Systemen. Weiterhin muss beachtet werden, dass die Hydrostaten in dieser Antriebsart teilweise mit hohem Druck bei kleinen Schwenkwinkeln betrieben werden. In diesen Bereichen kann die Extrapolation der Wirkungsgradkennfelder (Abb. B.2) nicht mehr als hinreichend genau angenommen werden.

Alle diese Vereinfachungen erschienen dem Autor zur Erreichung des gesetzten Ziels dennoch gerechtfertigt. Besonders durch die Validierung des Referenzmodells anhand von Messdaten sind die meisten dieser Einflüsse quantitativ erfasst, ohne jedoch physikalisch abgebildet oder den entsprechenden Komponenten zugeordnet zu sein.

Eine Ausnahme bildet die Nichtabbildung der dynamischen Eigenschaften verstellbarer Elemente. Daraus resultiert, dass bestimmte Ansätze, wie Kennlinienbetrieb, in der Simulation funktionieren. In der Realität wäre die Dynamik, die notwendig ist, um den

Verbrennungsmotorbetriebspunkt immer auf der Kennlinie zu halten, nicht gegeben. Die Konsequenz – das gewünschte Verhalten über einen hochdynamischen sekundären Antrieb und Speicher zu gewährleisten – lässt sich in der vorliegenden Modellierungstiefe nicht energetisch korrekt abbilden. Ob diese Vereinfachung zulässig ist, ließe sich nur durch die Umsetzung eines Prototypen ermitteln.

6. Zusammenfassung

In der vorliegenden Arbeit wurden grundlegende Erkenntnisse und Zusammenhänge zu Hybridantrieben für mobile Arbeitsmaschinen dargestellt. Diese umfassen neben den Definitionen wichtiger Begriffe vor allem die möglichen Ziele, die mit dieser Antriebsart erreicht werden können, und die Funktionen, die das Erreichen der Ziele ermöglichen. Weiterhin wird am Stand der Technik gezeigt, dass sowohl elektrische als auch hydraulische Hybridantriebe in verschiedenen Ausprägungen in Demonstratoren gezeigt werden. Auffällig ist, dass in der Landtechnik deutlich weniger Hybridisierungsaktivitäten zu finden sind als beispielsweise bei den Baumaschinen und den Materialumschlagmaschinen. Insgesamt existieren nur wenige Serienmaschinen. Im Rahmen der Grundlagen wird auch auf Energiespeicher eingegangen und hergeleitet, warum diese als Schlüsselkomponenten zu betrachten sind. Die Vorstellung verschiedener Betriebsstrategien der Makroebene runden den Grundlagenteil ab.

Im Weiteren wird eine Entwicklungsmethodik vorgestellt, die spezifisch den Entwicklungsprozess von Hybridantrieben für mobile Arbeitsmaschinen unterstützt. Diese Makrologik wird in den Kontext anderer Makrologiken (VDI 2201, VDI 2206 und MVM) gestellt und detailliert erläutert. Neben einer Abfolge wesentlicher Schritte umfasst diese Methodik diverse Werkzeuge (Listen, Korrelationsmatrizen etc.), die den Entwickler in seiner Arbeit unterstützen können.

Die Methodik wird anschließend am Beispiel einer Forstmaschine auszugsweise angewandt. Die Vorabschätzungen, ermittelt mit einem der vorgestellten Werkzeuge, werden mit den Ergebnissen einer dynamischen Simulation verglichen. Die Interpretation der Ergebnisse zeigt, dass die Vorabschätzung keine hinreichend guten Ergebnisse liefert, um eine detaillierte Untersuchung zu ersetzen.

7. Ausblick

Die vorliegende Arbeit hat Grundlagen aufgezeigt, eine Methodik hergeleitet und diese an einem Beispiel angewandt. Obwohl es schon verschiedene hybrid angetriebene mobile Arbeitsmaschinen gibt, ist mit dieser Arbeit aus wissenschaftlicher Perspektive erst ein Grundstein für die Bearbeitung dieses Feldes gelegt. Auf allen hier behandelten Themengebieten gibt es Anknüpfungspunkte, deren weitere Untersuchung lohnen kann.

Im Bereich der Grundlagen wäre regelmäßig zu prüfen, ob die Liste der Funktionen erweitert werden muss. Sinnvoll wäre auch die Quantifizierung des Phlegmatisierungspotentials, z. B. auf Basis einer Frequenzanalyse. Eventuell lassen sich, analog zum Hybridisierungsgrad und dem Phlegmatisierungsgrad, weitere Kennzahlen definieren, die eine bessere Vergleichbarkeit ermöglichen.

Im Themenfeld der Betriebsstrategien bietet es sich an, weitere Makrostrategien zu analysieren und/oder zu definieren. Mikrostrategien wurden im Rahmen der vorliegenden Arbeit nicht thematisiert, stellen aber einen wichtigen Baustein der Betriebsstrategien dar und sollten folglich näher untersucht werden. Prädiktion bzw. Vorausschau stellt im Rahmen der Betriebsstrategien ebenfalls ein wichtiges Teilgebiet dar, das zukünftig an Bedeutung gewinnen wird. Sowohl Routeninformationen bzw. Arbeitsablaufpläne als auch Umfelderkennung und statistische Auswertungen typischer Einsatzszenarien lassen Vorhersagen über zukünftige Maschinensituationen und -belastungen zu. Diese Informationen können zum zielorientierten, vorausschauenden Einstellen der Freiheitsgrade eines Hybridantriebes genutzt werden. Ansätze der car-to-car-communication und der car-to-infrastructure-communication sollten auch für mobile Arbeitsmaschinen in Betracht gezogen werden. Vielversprechend erscheinen hier Szenarien wie Großbaustellen, Tagebau-Betriebe und der innerbetriebliche Maschinenverkehr immer dort, wo eine Vielzahl von Maschinen auf begrenztem Raum bewegt werden.

Auf der Komponentenebene gilt es, unter anderem den Verbrennungsmotor weiter zu betrachten. Verbrennungsmotoren für mobile Arbeitsmaschinen sind speziell für ihre Einsätze angepasst. Besonders markant ist die Drehmomentcharakteristik, die bei konstanter Leistung und abfallender Drehzahl, im oberen Bereich des Motorkennfeldes, einen Drehmomentenanstieg zur Verfügung stellt. Dieses Verhalten ist sinnvoll für konventionelle Antriebsstränge. Bei Hybridantrieben lohnt es jedoch, diese Charakteristik zu hinterfragen: Wenn Drehmoment- und Leistungsreserven durch den sekundären Antrieb, aus dem sekundären Speicher bedient werden können, könnte der Verbrennungsmotor unter Auflösung der bisherigen Charakteristik noch stärker in Richtung Kraftstoffeffizienz getrimmt werden. In dieselbe Richtung zielt die Verbesserung der Verbrennungsmotoren, die lediglich entlang einer Kennlinie oder in nur einem Punkt betrieben werden. Auch hierfür erscheinen speziell angepasste Verbrennungsmotoren sinnvoll, die für den eingeengten Betriebsbereich optimiert sind. Bei den elektrotechnischen Komponenten, vor allem den Batterien, sind weitere Potential-Steigerungen zu erwarten. Dies gilt es zu beobachten und eventuell angepasste Antriebsstrangkonzepte zu entwickeln.

Auf der Seite der Entwicklungsmethodik sind ebenfalls Weiterentwicklungen denkbar. So könnte die Betriebsstrategieentwicklung noch stärker mit den sieben Schritten der Methodik verknüpft werden. Auch sollte geprüft werden, inwiefern die Methodik für die Neuentwicklung von Maschinen angepasst werden muss, da bisher von einer bestehenden Maschine ausgegangen wird. Dies könnte zum Beispiel durch den Zyklenvergleich auf der Ebene quasi-statischer Betrachtung über verschiedene Maschinen hinweg geschehen. Ebenso kann der Schwerpunkt der Methodik, der momentan mehr auf dem Fahrantrieb liegt, gezielt in Richtung der Arbeitsverbraucher erweitert werden.

Die Hybridisierung des Antriebsstranges kann aus verschiedenen Motivationen heraus geschehen. Für keine dieser Motivationen, sei es Kraftstoffverbrauchseinsparung, Erweiterung des Funktionsumfanges, Brückentechnologie etc. stellen Hybridantriebe die einzige Lösung dar. Stets gibt es auch andere Ansätze, die gesteckten Ziele zu erreichen. Da es sich bei der Hybridisierung eines Fahrantriebs im Allgemeinen um eine aufwendige und teure Technologie handelt, sollte diese nur bei hochwertigen Antriebssträngen eingesetzt werden. Denn geringe Wirkungsgrade von low-cost-Komponenten lassen sich am besten durch den Einsatz hochwertiger Komponenten verbessern. Erst danach kann der Einsatz von Hybridantrieben Sinn machen. Werden jedoch die Arbeitsausrüstungen und deren Antriebe in einen Hybridantrieb mit einbezogen, kann dies zu Synergien und damit sogar zu einem verringerten Komponenten-Aufwand als bei einer Konventionellen Maschine führen.

A. Datengrundlage zum Ragone-Diagramm

Speichertechnologie	Bezeichung	[Wh/kg]	[W/kg]
Zebra-Batterie	RZ Sonick Battery Z12-278-ML3X-152	1,2E+02	1,8E+02
Zebra-Batterie	RZ Sonick Battery Z12-557-ML3X-64	1,0E+02	1,8E+02
Zebra-Batterie	RZ Sonick Battery Z5-278-ML3X-64	1,0E+02	1,8E+02
Li-Ion-Batterie	Li-Tec Battery GmbH Cerio P7400	4,9E+01	4,9E+02
Li-Ion-Batterie	Saft VL 6A	6,5E+01	6,3E+00
Blei-Batterie	Panasonic LC X12120	6,8E+01	1,3E+00
Blei-Batterie	Panasonic X1275	3,2E+00	1,6E+00
Doppelschichtkondensator	Maxwell MC BMOD 0500 B02	3,2E+00	6,7E+03
Doppelschichtkondensator	Maxwell BMOD0063 P125 33	2,5E+00	4,7E+03
Doppelschichtkondensator	Maxwell BCAP0350 E270 T11	5,6E+00	4,3E+03
Doppelschichtkondensator	Maxwell BCAP0310 P270 T10	5,1E+00	6,4E+03
Doppelschichtkondensator	Maxwell BCAP3000 P270 K04 02	6,0E+00	5,9E+03
Schwungradspeicher	Rosseta Schwungradspeicher T4	1,1E+01	2,2E+02
Schwungradspeicher	Rosseta Schwungradspeicher T3	9,7E-02	5,0E+01
Schwungradspeicher	Rosseta Schwungradspeicher T2	6,2E+00	1,2E+03
Kolbenspeicher	Olaer IHP/EHP 10-250/100/..	6,3E-01	4,6E+03
Kolbenspeicher	Olaer IHP/EHP 30-250/140/..	6,6E-01	3,2E+03
Kolbenspeicher	Parker A 8 4620	6,2E-01	8,9E+03
Kolbenspeicher	Parker A 3 0183	4,9E-01	2,4E+04
Blasenspeicher	Olaer 54 0 0A 00 42 1	1,4E+00	3,5E+02
Blasenspeicher	BoschRexroth HAB50-330-4X	1,1E+00	4,0E+03
Blasenspeicher	Hydac SB330-200A1/112U-330A050	1,1E+00	3,4E+01
Blasenspeicher	Lightning Hybrid Type 3	3,3E+00	7,5E+03
Blasenspeicher	Parker BAE50	1,3E+00	4,9E+03
Blasenspeicher	Parker BAE02	7,0E-01	2,5E+04
Membranspeicher	Hydac SBO330	7,3E-01	6,0E+03
Membranspeicher	Hydac SBO400	4,5E-01	2,9E+03
Membranspeicher	BoschRexroth HAD3,5-350-1X	6,6E-01	2,1E+03
Membranspeicher	Olaer OLM/ELM 109850-01125	6,6E-01	1,1E+03
Membranspeicher	Parker ADE350-25R1C2	6,7E-01	2,3E+03

Die Tabellenwerte entstammen aus, bzw. basieren auf Katalogdaten der jeweiligen Hersteller.

B. Kennfelder

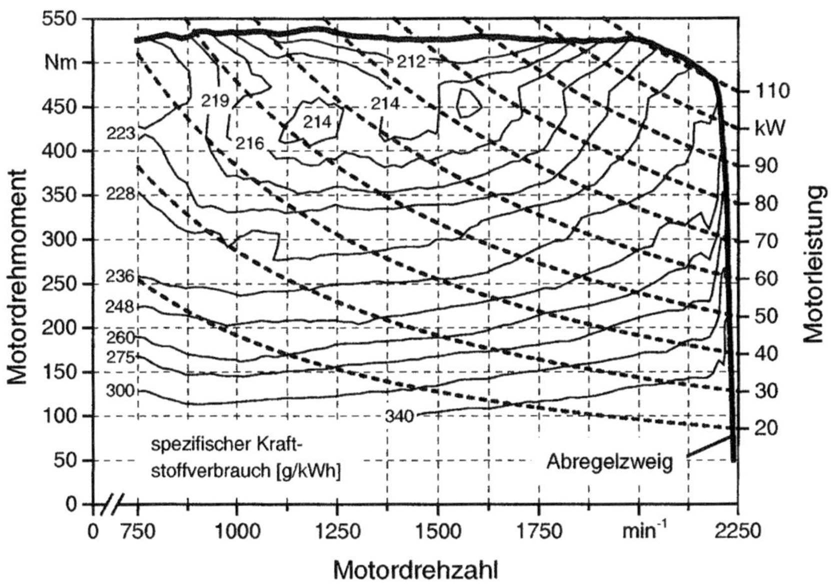

Abb. B.1.: Muscheldiagramm nach [81]

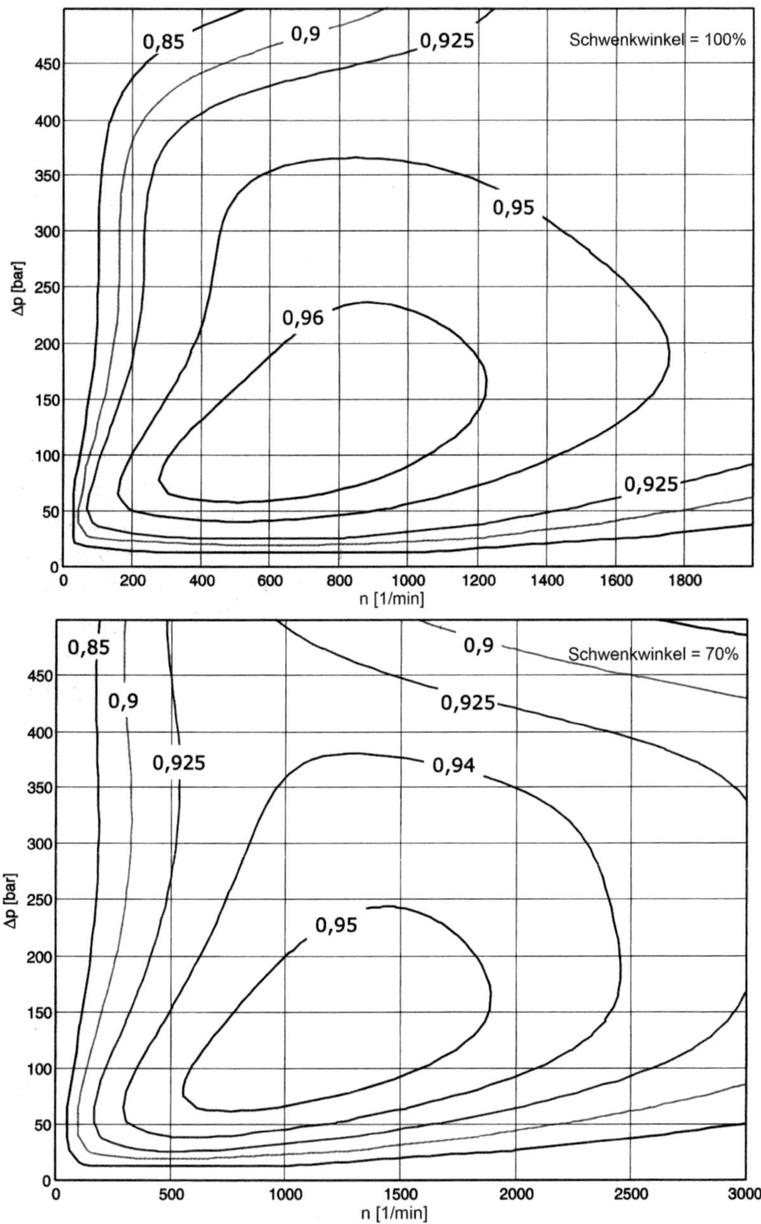

Abb. B.2.: Gesamtwirkungsgrad einer Axialkolbeneinheit nach [72]

C. Berechnungen

Berechnung des Rekuperationspotentials

$$g = 9,81 \quad m = 10.000 \quad v_{end} = 0 \quad \eta_{rek} = 1$$

$$v_0 = 1 \quad a = -2 \quad F_{reib} = 0 \quad f_{roll} = \{0 \cdots 0,3\}$$

$$E_{kin} = \frac{1}{2} m \cdot v_0^2 \tag{C.1}$$

$$t_{end} = \frac{(v_{end} - v_0)}{a} \tag{C.2}$$

$$s_{end} = v_0 \cdot t_{end} + \frac{1}{2} a \cdot t_{end}^2 \tag{C.3}$$

$$F_{roll} = m \cdot g \cdot f_{roll} \tag{C.4}$$

$$F_{rek} = -m \cdot a - F_{roll} - F_{reib} \tag{C.5}$$

$$E_{rek} = \eta_{rek} \cdot F_{rek} \cdot s_{end} \tag{C.6}$$

$$\varepsilon_{rek} = \frac{E_{rek}}{E_{kin}} \tag{C.7}$$

Tabellenverzeichnis

Literaturverzeichnis

[1] *Erste Fachtagung: Hybridantriebe für mobile Arbeitsmaschinen.* Karlsruhe : WVMA e. V. Wissenschaftlicher Verein für Mobile Arbeitsmaschinen, Feb. 2007

[2] *Zweite Fachtagung: Hybridantriebe für mobile Arbeitsmaschinen.* Karlsruhe : WVMA e. V. Wissenschaftlicher Verein für Mobile Arbeitsmaschinen, Feb. 2009

[3] *Dritte Fachtagung: Hybridantriebe für mobile Arbeitsmaschinen.* Karlsruhe : WVMA e. V. Wissenschaftlicher Verein für Mobile Arbeitsmaschinen, Feb. 2011

[4] BAUMGARTEN, Thorsten S. ; DOPICHAY, Thomas ; JÜNEMANN, Dennis ; ROBERT, Markus ; HAPPICH, Georg: Trends in der Bau- und Baumaschinenindustrie - Beobachtungen anlässlich der bauma 2010 - Fortsetzung. In: *O+P Zeitschrift für Fluidtechnik - Aktorik, Steuerelektronik und Sensorik* 54 (2010), September, Nr. 9, S. 328–333

[5] BÖCKL, Michael: *Adaptives und prädiktives Energiemanagement zur Verbesserung der Effizienz von Hybridfahrzeugen*, Technische Universität Wien, Institut für Verbrennungskraftmaschinen und Kraftfahrzeugbau, Dissertation, 2008

[6] BECK, Matthias ; EHRET, Christine ; KLIFFKEN, Markus G. ; BRACHT, Detlef van: Das Hydrostatisch Regenerative Bremssystem von Rexroth: Anwendungen und Potentiale für Fahrzeuge mit hydrostatischem Fahrantrieb. In: *Baumaschinentechnik 2009 Energie, Ressourcen, Umwelt* Bd. 37 Forschungsvereinigung Bau- und Baustoffmaschinen e. V. (FVB), 2009 (Schriftenreihe der Forschungsvereinigung Bau- und Baustoffmaschinen e. V. (FVB)), S. 71–78

[7] BERGER, Joachim: *Control of supercharged internal combustion engines.* 1993

[8] BÖHLER, Frank ; ZAHORANSKY, Richard: Hybridantriebe für industrielle Anwendungen. In: *Hybridantriebe für mobile Arbeitsmaschinen* Mobima, 2009, S. 13–23

[9] BÖHLER, Frank ; ZAHORANSKY, Richard ; THIEBES, Phillip ; GEIMER, Marcus ; SANTOIRE, Julien: Hybrid Drive Systems for Industrial Applications. In: *9th International Conference on Engines & Vehicles September 13-18th, 2009, Hotel La Palma - Capri (Na)*, 2009

[10] BLIESENER, Maurice: *Optimierung der Betriebsführung mobiler Arbeitsmaschinen*, Lehrstuhl für Mobile Arbeitsmaschinen am Karlsruher Institut für Technologie, Dissertation, 2010

[11] BRACHT, Detlef van ; EHRET, Christine ; KLIFFKEN, Markus G.: Berechenbare Wirtschaftlickeit: Hydraulischer Hybrid im Feldversuch. In: *Hybridantriebe für mobile Arbeitsmaschinen* Mobima, 2009, S. 67–76

[12] BRAUN, Thomas: *Methodische Unterstützung der strategischen Produktplanung in einem mittelständisch geprägten Umfeld*, TU München, Dissertation, 2005

[13] BRUN, Marco: Mit Strom und Sprit - Entwicklung von Hybridantrieben für mobile Arbeitsmaschinen. In: *dSpace Magazin* 2 (2008), S. 26–31

[14] BRUN, Marco ; HESTEMEYER, Thorsten: Das dieselelektrische DEUTZ Hybrid System Neuerungen und Einsatzerfahrungen anhand einer BOMAG Doppel Vibrationswalze. In: *3. Fachtagung Hybridantriebe für mobile Arbeitsmaschinen 2011* Bd. 3, 2011, 205-221

[15] DANISCH, Ruben: `http://www.atzonline.de/index.php?do=show&alloc=1&id=8321`, Abruf: 10. Nov. 2011

[16] DEGRELL, O. ; FEUERSTEIN, T.: DLG-PowerMix - Ein praxisorientierter Traktorentest. In: *Tagung Landtechnik*, 2003, S. 339–345

[17] DEITERS, Henning: *Standardisierung von Lastzyklen zur Beurteilung der Effizienz mobiler Arbeitsmaschinen*, TU Braunschweig, Dissertation, 2009

[18] DENGLER, Peter ; GEIMER, Marcus: Zwischen den Drücken lesen - Effizienzsteigerung durch ein Konstantdrucksystem mit Zwischendruckleitung. In: *O+P Zeitschrift für Fluidtechnik - Aktorik, Steuerelektronik und Sensorik* 55 (2011), Jan/Feb, Nr. 1-2, S. 24–27

[19] DROSDOWSKI, Günther ; KÖSTER, Rudolf ; MÜLLER, Wolfgang ; STUBEN-
RECHT, Werner S.: *Duden Fremdwörterbuch*. Bd. 5. 4 neu bearb. u. erw. Aufl.
Duden Verlag Mannheim, 1982

[20] EHRLENSPIEL, Klaus: *Integrierte Produktentwicklung: Denkabläufe, Methoden-
einsatz, Zusammenarbeit*. 4. aktualisierte Auflage. Hanserverlag, München, 2009

[21] FEYERABEND, Lutz: Energie aus Stop-and-Go. In: *Umweltmagazin* 38 (2008),
Nr. 6, S. 34–36

[22] FILIPI, Z. ; LOUCA, L. ; DARAN, B. ; LIN, C.-C. ; YILDIR, U. ; WU, B. ; KOK-
KOLARAS, M. ; ASSANIS, D. ; PENG, H. ; PAPALAMBROS, P. ; STEIN, J. ; SZ-
KUBIEL, D. ; CHAPP, R. a.: Simulation-based optimal design of heavy trucks by
model-based decomposition: An extensive analytical target cascading case study.
In: *International Journal of Heavy Vehicle System* 11 (2004), Nr. 3/4, S. 372–402

[23] FISCHER, Robert ; SCHNEIDER, Richard ; EBNER, Peter: The Turbohybrid - The
Realization, First Results. In: *20th International AVL Conference "Engine & En-
vironment", September 11th - 12th, 2008, Graz, Austria*, 2008

[24] GABRIEL, Artur ; MEIER, Olaf: Die Maschine in die Serie bringen. In: *ATZ
offhighway* Sonderausgabe (2010), April, S. 24–26

[25] GÖHRING, Markus: *Betriebsstrategien für serielle Hybridantriebe*, Institut für
Kraftfahrwesen RWTH Aachen, Dissertation, 1997

[26] GIBSON, Elizabeth: `http://www.kalmarind.com/show.php?id=1317183`, Abruf:
01. Nov. 2011

[27] GRAAF, Roger: *Simulation hybrider Antriebskonzepte mit Kurzzeitspeicher für
Kraftfahrzeuge*, RWTH Aachen - Institut für Kraftfahrwesen, Dissertation, 2002

[28] HEISSENBERG, K.: Leistungsverzweigter Hybridantrieb für Gegengewichtsstapler
- Simulation, technische Realisierung und Prüfstandstests. In: *Hybridantriebe für
mobile Arbeitsmaschinen* Mobima, 2009, S. 111–121

[29] HUBER, Andreas: *Ermittlung von prozessabhängigen Lastkollektiven eines hydrostatischen Fahrantriebsstrangs am Beispiel eines Teleskopladers*, Lehrstuhl für

Mobile Arbeitsmaschinen am Karlsruher Institut für Technologie, Dissertation, 2010

[30] JÖNSSON, Axel: El-Forest F14. In: *Forst & Technik* 20 (2008), September, Nr. 09, S. 6

[31] KAGOSHIMA, Masayuki ; KOMIYAMA, Masayuki ; NANJO, Takao ; TSUTSUI, Akira: `http://www.kobelco.co.jp/technology-review/english/vol57_1_sum.htm`, Abruf: 01. Nov. 2011

[32] KALANDER, Aija: `http://www.kalmarind.com/show.php?id=1182797`, Abruf: 01. Nov. 2011

[33] KERSCHL, S. ; HIPP, E. ; LEXEN, G.: Effizienter Hybridantrieb mit Ultracaps für Stadtbusse. In: *14. Aachener Kolloquium Fahrzeug- und Motorentechnik*, 2005

[34] KLIFFKEN, M. G.: Hydrostatisch regeneratives Bremsen (HRB). In: *Hybridantriebe für mobile Arbeitsmaschinen* Universität Karlsruhe, VDMA, WVMA, Februar 2007, S. 141–153

[35] KOHMÄSCHER, Thorsten: *Modellbildung, Analyse und Auslegung hydrostatischer Antriebsstrangkonzepte*, RWTH Aachen, Dissertation, 2008

[36] KORKMAZ, Feridun: *Verbrennungshydraulischer Hybridantrieb für Stadtfahrzeuge*, TU Berlin, Dissertation, 1975

[37] KORKMAZ, Feridun: *Hydrospeicher als Energiespeicher*. Springer, 1982

[38] KRIBS, Erich: *HybridPower die grüne Intelligenz im Radlader.* `http://www.bauforum24.tv/index.php?site=playmovie&movieid=162`. Version: 03.-07. März 2009

[39] KÄSLER, Richard ; STINGL, Konrad ; RIEDMAIER, Sebastian: Rückgewinnung potentieller Energie in der Mobilhydraulik. In: *5. Kolloquium Mobilhydraulik* Weber Hydraulik GmbH, Jungheinrich, WVMA, VDMA, Oktober 2008, S. 80–90

[40] KÖTZ, Rüdiger: Doppelschichtkondensatoren - Technik, Kosten, Perspektiven. In: *Kasseler Symposium Energie-Systemtechnik*, 2002

[41] KUMAR, Rajneesh ; IVANTYSYNOVA, Monika: The Hydraulic Hybrid Alternative for Toyota Prius - A Power Management Strategy for Improved Fuel Economy. In: *6th International Fluid Power Conference* MAHA Fluid Power Research Center, Purdue University, USA, 2010

[42] KUMAR, Rajneesh ; IVANTYSYNOVA, Monika: Investigation of various power management strategies for a class of hydraulic hybrid powertrains: theory and experiments. In: *6th FPNI - PhD Symposium West Lafayette* MAHA Fluid Power Research Center, Purdue University, USA, 2010

[43] LI, Perry Y. ; MENSING, Felicitas: Optimization and Control of a Hydro-Mechanical Transmission based Hybrid Hydraulic Passenger Vehicle. In: *7th International Fluid Power Conference Aachen* Bd. Vol. 4, 2010, S. 457–468

[44] LIN, Tianliang ; BAOZAN HU, Qingfeng W. ; GONG, Wen: Research on the energy regeneration systems for hybrid hydraulic excavators. In: *Automation in Construction* (2010), S. 11

[45] LINDEMANN, Udo: *Methodische Entwicklung technischer Produkte - Methoden flexibel und situationsgerecht anwenden.* Springer, 2009

[46] MARTINUS, Marcus A.: *Funktionale Sicherheit von mechatronischen Systemen bei mobilen Arbeitsmaschinen*, TU München, Dissertation, 2004

[47] MENNE, Christoph ; KWEE, Henry ; KÖRFER, Thomas ; KEMPER, Hans ; LAMPING, Matthias ; WIARTALLA, Andreas ; PISCHINGER, Stefan: Smart Hybridization for Reduced Fuel Consumption and Improved Emissions - Integrated development approach for tailored hybrid powertrain layouts with application specific operating strategies. In: *Proceedings of the 1st Commercial Vehicle Technology Symposium - Kaiserslautern*, 2010, S. 130–139

[48] MILLIKIN, Mike: `http://www.greencarcongress.com/2005/11/case_ih_shows_d.html`, Abruf: 26. Okt. 2011

[49] MILLIKIN, Mike: `http://www.greencarcongress.com/2007/02/komatsu_to_intr.html`, Abruf: 26. Okt. 2011

[50] MILLIKIN, Mike: `http://www.greencarcongress.com/2008/03/volvo-ce-unveil.html`, Abruf: 02. Dez. 2011

[51] MILLIKIN, Mike: `http://www.greencarcongress.com/2009/04/flywheel-energy-storage-system-for-rubber-tired-gantry-cranes.html`, Abruf: 02. Dez. 2011

[52] MILLIKIN, Mike: `http://www.greencarcongress.com/2009/05/toyota-to-begin-sales-of-dieselelectric-hybrid-forklift.html`, Abruf: 02. Dez. 2011

[53] MILLIKIN, Mike: `http://www.greencarcongress.com/2009/04/phett-20090414.html`, Abruf: 01. Nov. 2011

[54] NAGEL, Philip ; ROOS, Lennart: Antriebsstrang mit Energierückgewinnung: Entwicklungsmethodik und Betriebsstrategien für mobile Arbeitsmaschinen. In: *Informationsveranstaltung des Forschungsfonds Fluidtechnik*, 2011

[55] N.N.: `http://www.komatsu.com/CompanyInfo/press/20080513151136O4588.html`, Abruf: 26. Okt. 2011

[56] N.N.: `http://forum.bauforum24.biz/forum/index.php?showtopic=34565`, Abruf: 01. Nov. 2011

[57] N.N.: `http://forum.bauforum24.biz/forum/index.php?showtopic=40541`, Abruf: 24. Okt. 2011

[58] N.N.: `http://www.linde-mh.de/de/countrysite/news_infoservice_1/newspressedetails_194.html`, Abruf: 02. Dez. 2011

[59] N.N.: `http://www.mhi.co.jp/en/news/story/0910051316.html`, Abruf: 01. Nov. 2011

[60] N.N.: *VDI Richtlinie 2221: Methodik zum Entwickeln und Konstruieren technischer Systeme und Produkte*. 1993

[61] N.N.: *VDI Richtlinie 2198: Typenblätter für Flurförderzeuge*. 2002

[62] N.N.: *VDI Richtlinie 2206: Entwicklungsmethodik für mechatronische Systeme.* 2004

[63] N.N.: Hydraulischer Hybrid für "Big Apple". In: *O+P Zeitschrift für Fluidtechnik - Aktorik, Steuerelektronik und Sensorik* 53 (2009), S. 358

[64] N.N.: John Deere brings new skidders and hybrid technology to Elmia. In: *International Forest Industries* (2009), August, S. 37

[65] N.N.: *HSM Pressemitteilung zur Interforst 2010.* Pressemitteilung, Juni 2010

[66] N.N.: *Produktdatenblatt SK387-AT3 CITY BOY Eco Drive.* 2010

[67] N.N.: Zweiter Bericht der Nationalen Plattform Elektromobilität / Gemeinsame Geschäftsstelle Elektromobilität der Bundesregierung. 2011. – Forschungsbericht

[68] PAHL, Gerhard ; BEITZ, Wolfgang: *Konstruktionslehre - Methoden und Anwendung.* 3. Auflage. Springer, 1993

[69] PFISTER, Wolfgang: Hybrid Power Booster hilft beim Heben und Senken. In: *Mobile Maschinen* 3 (2010), November, Nr. 4, S. 16–17

[70] PIÓRO, D.J. ; SHEPHERD, J. ; MACIEJOWSKI, J.M.: Simulation and analysis of powertrain hybridisation for construction equipment. In: *Int. J. Electric and Hybrid Vehicles* 2 (2010), Nr. 3, S. 240–258

[71] RAGONE, D. V.: Review of Battery Systems for Electrically Powered Vehicles. In: *SAE Mid-Year Meeting*, 1968

[72] RAHMFELD, Robert ; SKIRDE, E.: Wirkungsgradmessung und Modellierung. In: *O+P Zeitschrift für Fluidtechnik - Aktorik, Steuerelektronik und Sensorik* 55 (2011), Mai, Nr. 5, S. 196–201

[73] RENIUS, K. T. ; H., Knechtges: Gesamtentwicklung Traktoren. In: H. H. HARMS, F. M. (Hrsg.): *Jahrbuch Agrartechnik 2008* Bd. 20. Max-Eyth-Stiftung, 2008, Kapitel 3.1, S. 63–70

[74] ROMO, L. ; SOLIS, O. ; MATTHEWS, J. ; QIN, D.: Fuel Saving Flywheel Technology For Rubber Tired Gantry Cranes In World Ports - Reducing Fuel Consumption Trough Use Of Flywheel Energy Storage System / Vycon Energy. 2009. – Forschungsbericht

[75] ROTTHÄUSER, Siegfried: *Verfahren zur Berechnung und Untersuchung hydropneumatischer Speicher*, RWTH Aachen, Dissertation, 1993

[76] SALOMAA, Timo: John Deere introduces hybrid electric drive train concept / John Deere Forestry Europe & Russia. 2009. – Forschungsbericht

[77] SANDKÜHLER, Georg: Abfallsammelfahrzeug mit dieselelektrischem Hybridantrieb. In: *ATZ offhighway* Sonderausgabe (2010), April, S. 44–55

[78] SCHÄL, Andreas: Traction Batteries for working machines and commercial vehicles. In: *Deployment of hybrid systems in mobile working machines*, 2010

[79] SCHROEDER, Caterina: `http://www.atzonline.de/index.php?do=show&alloc=1&id=10894`, Abruf: 10. Nov. 2011

[80] SCHUMACHER, A. ; RAHMFELD, Robert ; SKIRDE, E.: Best Point Conrol - Energetisches Einsparpotential. In: *Erste VDI-Fachkonferenz Getriebe in mobilen Arbeitsmaschinen*, 2011

[81] SEEGER, Jörg: *Antriebsstrangstrategien eines Traktors bei schwerer Zugarbeit*, ILF, TU Braunschweig, Dissertation, 2001

[82] SIERKS-SCHILLING, Bianca: 12MTX Hybrid - Ein wichtiges Projekt für den Umweltschutz. In: *Tiefbau* 2009 (2009), April, Nr. 04, S. 228–229

[83] STEINDORFF, Konrad: *Untersuchungen zur Energierückgewinnung am Beispiel eines ventilgesteuerten hydraulischen Antriebs*, TU Braunschweig, Fakultät für Maschinenbau, Dissertation, 2010

[84] STEINDORFF, Konrad ; LANG, Thorsten ; HARMS, H: Betriebsstrategien zur Energierückgewinnung an einem hydraulischen Antrieb. In: *Hybridantriebe für mobile Arbeitsmaschinen* Mobima, 2009, S. 97–107

[85] THIEBES, Phillip ; GEIMER, Marcus: Hybridantriebe für mobile Arbeitsmaschinen. In: *O+P Zeitschrift für Fluidtechnik - Aktorik, Steuerelektronik und Sensorik* 51 (2007), November/Dezember, Nr. 11-12, S. 630–635

[86] THIEBES, Phillip ; GEIMER, Marcus: Energiespeicher für mobile Arbeitsmaschinen mit Hybridantrieben. In: *Erste VDI-Fachkonferenz Getriebe in mobilen Arbeitsmaschinen*, 2011

[87] THIEBES, Phillip ; GEIMER, Marcus ; JANSEN, Gregor: Hybridantriebe abseits der Straße - Methodisches Vorgehen zur Bestimmung von Effizienzsteigerungspotentialen. In: *Hybridantriebe für mobile Arbeitsmaschinen* Mobima, 2009, S. 125–135

[88] THIEBES, Phillip ; VOLLMER, Thees: Modellierung des Fahrers zur Untersuchung von Antriebssträngen in der 1D-Simulation am Beispiel eines Radladers mit Hybridantrieb. In: *3. Fachtagung Hybridantriebe für mobile Arbeitsmaschinen 2011* Bd. 3, 2011, 47-59

[89] UNECE: *E/ECE/324; E/ECE/TRANS/505; Regulation No. 101: Uniform provisions concerning the approval of passenger cars powered by an internal combustion engine only, or powered by a hybrid electric power train* [...]. April 2005

[90] WEISE, Günther ; ROSENBACH, David ; SEELING, Ute: Zum Kraftstoffverbrauch von Forstmaschinen. In: *Forst & Technik* 23 (2011), Juli, Nr. 7, S. 34–35

[91] WILLIAMS, Kyle ; KUMAR, Rajneesh ; IVANTYSYNOVA, Monika: Robust Control for a Dual Stage Power Split transmission with Energy Recovery. In: *6th International Fluid Power Conference* International Fluid Power Conference, 2008 (6), S. 127– 144

[92] WRUSCH, J. ; BRAUNHEIM, A.: Dieselstapler mit Energierückgewinnung. In: *Mobile Maschinen* 1 (2008), S. 37

[93] WU, B. ; LIN, C. ; FILIPI, Z.: Optimal Power Management for a Hydraulic Hybrid Delivery Truck. In: *Vehicle System Dynamics* 42 (2004), Nr. 42, S. 23–40

Karlsruher Schriftenreihe Fahrzeugsystemtechnik
(ISSN 1869-6058)

Herausgeber: FAST Institut für Fahrzeugsystemtechnik

**Die Bände sind unter www.ksp.kit.edu als PDF frei verfügbar oder
als Druckausgabe bestellbar.**

Band 1   Urs Wiesel
Hybrides Lenksystem zur Kraftstoffeinsparung im schweren Nutzfahrzeug.
2010
ISBN 978-3-86644-456-0

Band 2   Andreas Huber
**Ermittlung von prozessabhängigen Lastkollektiven eines hydro-
statischen Fahrantriebsstrangs am Beispiel eines Teleskopladers.**
2010
ISBN 978-3-86644-564-2

Band 3   Maurice Bliesener
**Optimierung der Betriebsführung mobiler Arbeitsmaschinen.
Ansatz für ein Gesamtmaschinenmanagement.**
2010
ISBN 978-3-86644-536-9

Band 4   Manuel Boog
**Steigerung der Verfügbarkeit mobiler Arbeitsmaschinen
durch Betriebslasterfassung und Fehleridentifikation
an hydrostatischen Verdrängereinheiten.**
2011
ISBN 978-3-86644-600-7

Band 5   Christian Kraft
**Gezielte Variation und Analyse des Fahrverhaltens von Kraftfahr-
zeugen mittels elektrischer Linearaktuatoren im Fahrwerksbereich.**
2011
ISBN 978-3-86644-607-6

Band 6   Lars Völker
**Untersuchung des Kommunikationsintervalls bei der gekoppelten
Simulation.**
2011
ISBN 978-3-86644-611-3

Band 7   3. Fachtagung
Hybridantriebe für mobile Arbeitsmaschinen. 17. Februar 2011, Karlsruhe.
2011
ISBN 978-3-86644-599-4

Karlsruher Schriftenreihe Fahrzeugsystemtechnik
(ISSN 1869-6058)

Herausgeber: FAST Institut für Fahrzeugsystemtechnik

Band 8   Vladimir Iliev
**Systemansatz zur anregungsunabhängigen Charakterisierung
des Schwingungskomforts eines Fahrzeugs.**
2011
ISBN 978-3-86644-681-6

Band 9   Lars Lewandowitz
**Markenspezifische Auswahl, Parametrierung und Gestaltung
der Produktgruppe Fahrerassistenzsysteme. Ein methodisches
Rahmenwerk.**
2011
ISBN 978-3-86644-701-1

Band 10   Phillip Thiebes
**Hybridantriebe für mobile Arbeitsmaschinen. Grundlegende
Erkenntnisse und Zusammenhänge, Vorstellung einer Methodik
zur Unterstützung des Entwicklungsprozesses und deren
Validierung am Beispiel einer Forstmaschine.**
2012
ISBN 978-3-86644-808-7